Dans les mines d'or du Sénégal oriental.

La fin de l'orpaillage ?

Kaly Niang

Dans les mines d'or du Sénégal oriental.

La fin de l'orpaillage ?

L'Harmattan

5-7, rue de l'École-Polytechnique ; 75005 Paris

http://www.librairieharmattan.com
diffusion.harmattan@wanadoo.fr
harmattan1@wanadoo.fr

ISBN : 978-2-296-99859-9
EAN : 9782296998599

L'orpaillage reste au cœur des activités économiques et sociales de la région de Kédougou et intéresse toutes les franges de la population rurale. C'est une activité de survie qui résulte de la paupérisation soutenue de populations confrontées aux difficultés économiques récurrentes. Bien qu'il soit délicat d'établir des statistiques fiables sur cette activité largement informelle et souvent occasionnelle, il est aujourd'hui probable qu'au moins plus de 50 000 personnes soient directement et régulièrement impliquées dans l'orpaillage qui vit les derniers jours d'une pratique ancestrale vieille de plusieurs siècles. Il est aujourd'hui de plus en plus dépossédé par la grande industrie minière et l'introduction de nouvelles technologies dans le traitement du minerai, qui affecte le cours de l'histoire et dénature le statut d'orpailleur.

Toutefois, cette activité n'est pas sans générer des problèmes sociaux et environnementaux. Les effets néfastes de l'orpaillage ont longtemps été mis en avant par les pouvoirs publics impliqués dans la problématique du développement et la protection de l'environnement. L'exploitation minière artisanale se pratique sur une centaine de sites, procurant ainsi des revenus à des milliers de personnes vivant principalement en milieu rural, mais comporte d'énormes inconvénients notamment sur la santé humaine, l'environnement et les ressources naturelles. Il faut noter en effet que l'exploitation minière artisanale contribue au déboisement et à la dégradation des sols, à la pollution de l'air par la poussière, la perte de la biodiversité, la détérioration du paysage, etc.

Au plan sanitaire, elle peut engendrer des maladies respiratoires du fait de l'inhalation de la poussière, une contamination au mercure et des accidents souvent mortels. Au plan social, cette activité peut entraîner un délitement du lien social qui unit les orpailleurs, mais aussi la dépravation des mœurs sur les sites d'exploitation ; ce qui peut faire accroître le taux des maladies sexuellement transmissibles. Elle contribue également à vider les établissements scolaires de leurs élèves, qui doivent aider leurs parents dans les *dioura*. Ce qui conduit à une baisse du taux de scolarisation dans les zones d'exploitation.

Au plan environnemental, il est démontré dans la pratique que pour chaque gramme d'or obtenu par amalgamation, environ deux (2) grammes de mercure s'échappent dans le milieu ambiant, polluant directement les sols, les eaux, sans compter l'inhalation de gaz par les utilisateurs. Ce n'est que récemment qu'un changement et des mutations se sont imposés et qu'une prise de conscience s'est opérée.

Malgré cette image négative sur le plan social et environnemental, l'orpaillage permet de limiter l'exode rural en maintenant une activité dans des zones isolées. Et d'après Holloway (1995), ce secteur favorise l'émergence « d'îlots de prospérité dans un océan de pauvreté ». La question qui se pose est donc de savoir comment transformer cette activité séculaire choisie par défaut, de manière parfois irrationnelle et souvent temporaire, pour qu'elle contribue à un développement durable. Autrement dit, comment développer l'orpaillage traditionnel dans ce contexte de mutations et de changements technologiques profonds sans faire éclater les vieilles structures qui constituent sa raison d'être ?

Cette problématique renvoie à ce qu'on pourrait appeler le « paradoxe des moulins », facteur à la fois de richesse et de chômage. En fait, nous ne nous opposons pas à l'innovation, seulement nous veillons à ce qu'elle soit maîtrisée ; d'où en sous-titre notre interrogation à l'affirmative : la fin de l'orpaillage ?

L'orpaillage est une activité *dialogique*[1], longtemps pratiquée par les populations des zones aurifères de la région de Kédougou. Aujourd'hui, le nombre d'orpailleurs sur les différents sites recensés est estimé à plus de 50 000 personnes. Certaines d'entre elles proviennent des pays tels que le Mali, la Guinée, le Burkina Faso, le Ghana, la Gambie, le Libéria, etc.

Cette population d'hommes et de femmes de tous âges est constituée de puisatiers, de laveurs, de forgerons, d'acheteurs d'or, de restaurateurs, etc.

Rappelons que l'exploitation artisanale de l'or a tout au long de l'histoire précoloniale et coloniale constitué la base de la richesse et/ou de la puissance des pays colonisateurs. À ce propos, M. Niang écrit : « les auteurs qui ont sillonné l'Afrique, qu'ils soient Arabes ou Portugais ont mentionné dans leur écrit de voyage d'importante quantité d'or trouvée dans le continent noir et qui ont servi à la prospérité du monde arabe et même européen »[2]. C'est le cas, entre autres, de l'Empire du Mali qui alimenta l'Europe et le Moyen-Orient en or produit artisanalement. L'époque du voyage de Kankan Moussa à la Mecque (1325) qui a fait baisser le coût de l'or est encore vivace dans la conscience collective des orpailleurs mandingues dans tout rappel de la gloire et de la prospérité.

À ce propos, il ressort des documents oraux et écrits que 12 000 chameaux chargés de sel arrivaient à Tombouctou, pour en repartir chargés d'or (environ 8 tonnes). Bien avant la colonisation, le Sénégal oriental a fait l'objet d'intenses activités d'exploitation d'or par des procédés artisanaux et traditionnels. Le riche patrimoine historique et culturel du Bambouck et du Galam retrace de nombreux témoignages

---

[1] Dialogique signifie que la pratique étudiée n'est pas compréhensible à partir d'une seule logique, mais elle doit être comprise comme conjuguant des logiques à la fois concurrentes, antagonistes et complémentaires. MORIN (E.), *Mes démons*, Paris, Stock, 1993, p. 251.

[2] NIANG (M.), *Problème du monde rural en Afrique*, 1984, p. 3 ; MICHEL (P.), *Les bassins des fleuves Sénégal et Gambie*, 1969.

sur le rôle que l'or a joué dans la conquête coloniale et l'épanouissement des grands empires, depuis le VIIe siècle. L'orpaillage a donc continué, sans cesse, au fil des années, dans cette partie Est du pays.

Négligées après la période coloniale, les activités d'orpaillage ont augmenté de façon considérable à la fin des années 70, suite aux effets de la sécheresse qui a entraîné une ruée des populations démunies vers les zones d'orpaillage.

Dans ce contexte, les femmes se sont, davantage que dans le passé, engagées dans le tamisage des sédiments pour assurer des dépenses autrefois à la charge du *pater familias*. Il en résulte une fragmentation des revenus familiaux et un ajustement des rapports de genre à cette nouvelle répartition des tâches. L'affaiblissement de l'autorité du chef de famille se reflète dans l'éthique sociale du **placer** (*dioura*) où s'expriment aussi les valeurs mandingues en général, et diakhankés en particulier (la subordination à l'aîné, l'accomplissement des tâches demandées, l'esprit de partage). L'or, autrefois géré par le chef de famille, était destiné au stockage et n'était employé que dans des occasions extraordinaires, selon les normes non ostentatoires des sociétés mandingues, des gestes d'entraide anonymes (paiement des impôts ou de provisions alimentaires). Les récentes dynamiques d'accumulation remanient l'organisation du travail dans les *dioura* et remettent en question la symbolique de l'or. Ce qui sacrifie alors l'ancienne vision du monde sous-jacente au système de valeurs mandingues aux nécessités de l'économie de marché. D'où une impression de dégradation de l'éthique personnelle et de la cohésion sociale dans l'esprit des orpailleurs les plus âgés. L'orpaillage constitue une activité économique centrale et les changements qui s'y produisent aujourd'hui se manifestent dans la transmission et la représentation des valeurs communautaires. La libéralisation et l'augmentation du prix de l'or, la découverte de nouveaux sites facilement exploitables à la suite de campagnes de prospection géologique sont d'autres facteurs ayant influé sur le développement de l'exploitation minière à petite échelle.

Cependant, il faut noter que les exploitations traditionnelles ne concernaient que les minéralisations alluvionnaires et éluvionnaires ; les gisements filoniens n'ont commencé à être exploités que depuis une vingtaine d'années.

Habituellement, l'activité d'orpaillage est complémentaire à celle agricole pendant la saison sèche de la mi-novembre à la mi-mai. En hivernage, les pluies abondantes remplissent les puits et empêchent tout travail d'orpaillage.

La pratique de l'orpaillage est une activité presque mythique où l'espoir du gain rapide suscite un engouement populaire et justifie les logiques de survies individuelles et familiales. Elle est au cœur de toute activité économique et sociale dans les différentes zones d'orpaillage. Le placer a ses règles que tout orpailleur accepte d'avance volontiers. L'ordre juridique y repose sur un ensemble de prescriptions coutumières acceptées par tous.

Cette pratique met en jeu plusieurs catégories d'acteurs (État, orpailleurs autochtones et allochtones, communautés et sociétés minières) ; d'où l'importance d'évaluer le niveau des interactions, les rapports sociaux entre ces différents acteurs. Cette sociologie des acteurs nous conduit à aborder la problématique sous l'angle des représentations et de la perception que les orpailleurs ont de l'orpaillage.

Nous sommes donc parti de l'idée que chaque groupe humain se construit une représentation globale de son espace, de son environnement et de la façon dont il peut tirer des ressources de son environnement pour vivre. Ce constat de fait, en dehors des controverses qu'il a suscitées au cœur des sciences sociales, en particulier la sociologie du développement, a pu aujourd'hui constituer les voies d'une compréhension plus claire des stratégies du développement. La plupart des schémas d'analyse fondés sur une approche linéaire vont être contestés au nom d'une vision beaucoup plus globale avec ce que Marc Poncelet appelle « la reconnaissance d'autres formes de rationalité et un renouveau des valeurs qui guident les pensées et les actions des êtres humains ». Les implications socioéconomiques de l'orpaillage suscitent, aux yeux des populations locales, une alternative fiable pour sortir du spectre de la pauvreté, même si aucune politique de développement local n'a jusqu'ici pris en compte cet aspect.

Dans la première partie de l'ouvrage, nous essayerons de présenter les aspects traditionnels de l'orpaillage depuis l'époque précoloniale, afin de mieux cerner les rapports entre **tradition** et **changements**, si nous considérons que : « l'histoire peut être pour le sociologue, ce que le laboratoire est pour le scientifique ». Il s'agit dans cette partie de rendre compte de l'originalité d'une pratique ancestrale, méconnue de par son caractère à la fois traditionnel et sacré, par une *représentation* *verticale* de la pratique de l'orpaillage, ou '*sociologie en profondeur*' au sens gurvitchien du terme. Cette tâche de la sociologie exige une prise en compte de la dimension historique, qui nous permet d'appréhender la '*dialectique*', principale source de la discontinuité notée dans la vie sociale des orpailleurs.

La deuxième partie, quant à elle, présente la situation actuelle de l'orpaillage, en termes de changements et de mutations, de transformations structurelles avec l'introduction de nouvelles technologies. Il est ici question de montrer comment le diffusionnisme des traits technologiques et les nouvelles politiques minières peuvent constituer une menace à l'orpaillage traditionnel et au statut d'orpailleur, avec ce que l'on nomme le « paradoxe des moulins ».

Première partie

Aspects traditionnels de l'orpaillage : analyse d'une pratique séculaire

Chapitre premier

L'or et les orpailleurs à l'époque coloniale

La présence de l'or dans le Haut-Sénégal et sa convoitise par les Européens à la fin du XVIIe et au milieu du XVIIIe siècle nous renseignent sur l'utilité du métal précieux et son usage par les populations autochtones du Haut-Sénégal. Ces populations pratiquaient l'orpaillage bien avant l'arrivée des Occidentaux.

À la fin du XVIIe siècle, un siècle après la chute de l'Empire du Mali, la richesse du Soudan[3] en or exerçait encore une forte attraction sur l'Europe, et pendant longtemps, c'est l'or qu'on cherchera au Sénégal oriental.

En 1697, trois compagnies royales avaient déjà exercé le monopole du commerce sur cette partie du Sénégal. Parmi les instructions données à leurs commandants, figurait toujours la reconnaissance du Bambouck, d'où l'on croyait venir tout l'or qui était vendu le long du fleuve Sénégal. Avec l'arrivée des Européens sur la côte, les populations du Bambouck, très conscientes de la richesse en or de leur pays, défendaient âprement leur indépendance, en interdisant formellement l'entrée dans la région à tout étranger.

Telle était la situation dans le Haut-Sénégal quand André Brüe fut nommé directeur de la compagnie royale, ou compagnie de Paris. Son principal objectif était la découverte du Haut-Sénégal, d'où venait et par où passait l'or, afin de s'y installer en y construisant d'abord des comptoirs et ensuite des forts qui seront à l'est des bases de pénétration vers le riche marché du Soudan. Chargés de nombreuses marchandises, ses navires remontent le fleuve, ils atteignent Guildé, le premier village du Gadiaga, si l'on se réfère aux travaux de l'historien Abdoulaye Bathily.

---

3 Soudan est une dénomination donnée par les Arabes aux pays noirs avec lesquels ils commerçaient dès le VIIe siècle. Aujourd'hui, ces pays constituent les régions de la ceinture sahélienne (Mali, Sénégal, Niger, Burkina Faso).
À partir des écrits arabes, il ressort que l'or a été la base d'une activité commerciale dynamique entre les pays de l'Afrique occidentale au sud du Sahara. Ce commerce transsaharien a été l'origine d'une annexe commerciale du Soudan par le Maghreb.

Dans cette localité, Brüe pensait déjà y créer des comptoirs, jalons de l'occupation future des mines d'or du Bambouck. Son arrivée au Sénégal en 1697 constitue un repère historique quant à la recherche des sources de l'or. Toutefois, la méfiance et l'hostilité des orpailleurs mandingues n'ont pas facilité la mission de Brüe qui voulait accéder aux richesses du Bambouck, malgré les ruses. Il a fallu attendre la mission d'un traitant de Saint-Louis, Compagnon, pour pouvoir faire la reconnaissance des mines d'or et évaluer les richesses de façon à encourager la compagnie à y investir des capitaux, mais également de pouvoir infiltrer les populations mandingues, y tisser des relations, toujours utiles à une politique d'implantation. Ce dernier, grâce à ses libéralités, obtenait souvent un guide au sein de la famille régnante de la région qu'il parcourait, afin de pouvoir visiter les mines d'or et analyser les techniques d'orpaillage des autochtones qu'il appelait « indigènes ». L'or du Bambouck était en effet l'enjeu principal : il exercera pendant tout le XVIIIe siècle un attrait irrésistible sur toutes les compagnies et tous les documents de ce siècle, à quelques exceptions près, reflétant le grand espoir fondé sur la richesse du Bambouck en or. La Falémé et tous les marigots qui s'y déversent ne charrient-ils pas des paillettes d'or en quantité plus ou moins importante ? C'est donc souligner que l'or a beaucoup favorisé la conquête coloniale. Et comme l'a mentionné l'auteur de *Mémoire sur le Sénégal*, daté de 1752 : « Toutes les nations policées de l'Univers conviendront avec moi que l'or est le nerf de toutes choses, qu'une nation qui en a beaucoup est crainte et respectée, enfin que par lui l'on fait tout et l'on entreprend tout ».

Ces propos résument toute la théorie du « bullionisme mercantile » en vogue alors dans les États européens. La recherche de l'or fut le tout premier motif de l'expansion française dans le Haut-Sénégal. Le changement politique qui révolutionnait l'Europe se concrétisait par les encouragements prodigués aux aventures et explorations menées à l'étranger. Au XIIIe siècle déjà, des vagues d'explorateurs se succédèrent dans le cadre des expéditions ; ce qui valut à l'Europe des gains en trésors, ainsi que l'esprit du gain : « L'or, faisait remarquer Colomb, est une chose merveilleuse ! Quiconque en possède peut acquérir tout ce qu'il désire. Avec l'or on peut mener des gens au paradis ».

La philosophie de Christophe Colomb était la philosophie de l'époque ; elle précipita la naissance d'une société tournée vers des gains et l'aventure et mue par la recherche des richesses.

1.1. L'attrait de l'or du Bambouck et du Galam

Le Bambouck, dont les mines d'or ont été si longtemps l'objet des recherches des peuples européens, est situé à l'Est du Boundou. Les Portugais qui, dès les premiers temps de la découverte de l'Afrique, avaient construit des forts dans le Bambouck, furent obligés de les abandonner, soit par suite des guerres qu'ils eurent à soutenir contre les Mandingues, soit par les ravages que causa l'insalubrité du climat. Le Bambouck a toujours été regardé comme le « Pérou de l'Afrique »[4]. Sur presque toute son étendue, il est un pays couvert de hautes montagnes (l'élévation desquelles sert à la défense du pays), exposé aux invasions des Peuls du Boundou et des Bambaras, toujours jaloux de s'emparer des richesses qu'il renferme. Ce royaume abonde en mines d'or très malléables. L'exploitation de l'or était peu active ; elle est entravée par l'opinion selon laquelle la mort frappe le propriétaire qui, après avoir découvert une nouvelle mine, s'obstine à ne pas immoler une vache noire à l'or, que l'on croit être sorcier.

C'est dans cet ordre d'idées que G. T. Mollien attestait que : « [...] les habitants, à ce que m'ont rapporté les marchands nègres, prétendent aussi qu'il est inutile de creuser au-delà de vingt pieds de profondeur, lorsque l'on ne rencontre plus l'or en grande quantité, parce que, suivant eux, sa disposition indique qu'il a changé de place ou qu'il se cache [...]. La mine la plus importante au Bambouck fut celle de Natacou. Elle est située dans un monticule dont l'élévation est de trois cents pieds et la circonférence de mille à douze cents pas, [...] la montagne de Natacou se trouve placée au milieu d'une plaine immense, éloignée des monts de Tambaoura ; [...] les puits creusés par les nègres sont au nombre de douze cents, et profonds de vingt à vingt-cinq pieds, leur embouchure a douze pieds de circonférence ; on les creuse en pente douce, et l'on y pratique des marches pour y descendre, mais comme les murs ne sont pas soutenus par des solives ; ils deviennent souvent, en s'écroulant, le tombeau des orpailleurs ».

Dans les couloirs d'orpaillage du Bambouck, ce sont les femmes qui sont chargées de laver les terres pour en retirer l'or. Elles jettent tout le gros gravier qui renferme beaucoup d'or en pépite ; il reste au fond un émeri en poudre très fine, qu'elles ont beaucoup de peine à séparer de l'or. Les peuples du Bambouck (Bambouckains) sont Mandingues[5],

---

4 MOLLIEN (G. Th.), *L'Afrique occidentale en 1818*, Paris, Calmann-Lévy, 1967.

5 Le groupe linguistique mandé comprend, au nord, les Bambaras, agriculteurs et guerriers qui formaient les deux royaumes de Ségou et du Kaarta, au sud-ouest,

rapporte G. T. Mollien : « leur cruauté et leur perfidie les rendent redoutables à tous les voyageurs ; ce n'est même qu'avec les plus grandes précautions que les autres nègres pénètrent chez eux [...]. Cependant les Maures, les Sarakolés et les Manding de la Gambie s'y rendent pour acheter de l'or, dont le prix est très bas ».

En Sénégambie, pendant le XVIIe et le XVIIIe siècle, Français et Britanniques rencontrèrent les plus grandes difficultés à se procurer de l'or, et ce en dépit d'une situation commerciale *a priori* favorable : les vallées du Sénégal et de la Gambie qui accueillaient les principaux points de traite européenne pouvaient être des débouchés faciles pour l'or des régions minières très proches, les bassins de la Falémé. Ph. D. Curtin est le premier à proposer une explication de l'insuccès paradoxal du commerce français de l'or sur le Haut-Sénégal au XVIIIe siècle ; il incrimine le faible rendement de la production régionale[6]. Cette thèse n'est guère satisfaisante dans la mesure où aucune quantification de la production des régions minières occidentales n'a été réalisée. Dans ces conditions, note Xavier Guillard, « faire de l'échec des tentatives de diversion de l'or soudanais vers l'Atlantique la conséquence en même temps que le signe du déclin de l'activité minière est un pur syllogisme ».

La revue critique des sources françaises du XVIIIe siècle permet de reformuler la problématique autrement :

1) les marchands européens étaient-ils en mesure d'acquérir simultanément et avec un égal succès plusieurs produits essentiels ?

N'étaient-ils pas au contraire enclins à une spécialisation à laquelle la traite de l'or aurait été rapidement sacrifiée ?

2) L'or a-t-il entre le XVe et le XVIIIe siècle abdiqué le rang qu'il tenait traditionnellement dans les échanges continentaux ?

Nous pouvons penser que cette situation était due à une association complexe de marchandises prises dans les échanges où n'intervenait pas la monnaie.

La mise en place de traits fondamentaux de ce commerce de l'or a précédé l'établissement des zones d'influence économique françaises et britanniques en Sénégambie. Les puissances maritimes des XVIIe-

les Malinkés ou Mandingues, noyau de l'ancien Empire du Mali, dispersé pour la plupart en chefferies.

6 CURTIN (Ph. D.), "The lure of Bambuk Gold", *Journal of African history*, 1873, p. 613-631.

XVIIIe siècles ont poursuivi une histoire dont les Portugais ont été les initiateurs.

Dès 1455, Diego Gomes avait atteint le marché du Cantor dans la vallée moyenne de la Gambie. Il évoque dans le récit de son voyage [7] les mines du mont (Gelu) en ces termes : « C'était en effet un atout commercial essentiel de cette partie du littoral que d'être pourvu d'un arrière-pays garni de deux des plus importants bassins aurifères d'Afrique de l'Ouest. Les mines de la Falémé n'étaient éloignées du port fluvial de SUTUKO fréquenté par les Portugais que de quelques journées de marche ».

Un commerce des peuples côtiers avec l'intérieur était d'ailleurs attesté par André Donelha à la fin du XVIe siècle : les « sozos » (susu) du Futa-Jallon apportaient à la côte du fer et de l'or extrait des mines de la Haute-Falémé.

Ce débouché occidental de l'or des pays malinké et jallonké aurait préexisté, selon W. Rodney, à la fréquentation commerciale européenne.

Le métal jaune, sous forme de bijoux, était accumulé par les aristocraties locales ; ce qui d'ailleurs a tari la traite portugaise, d'autant que l'or continuait d'être immobilisé localement par le biais de pratiques culturelles funéraires.

Le Galam, encore appelé « le pays de l'or » par les sources européennes depuis le XVIe siècle, est situé tout entier dans la haute vallée du Sénégal.

Dans ses instructions en date du 23 octobre 1719, André Brüe, directeur du département de Galam, soulignait la nécessité de « pousser la traite de l'or au plus haut point où elle puisse aller et de donner des soins curieux et viriles pour la découverte non seulement des mines d'or en nous les rendant praticables mais encore nous familiariser le chemin et les richesses de Tombut (Tombuktu) qu'on dit être immenses et que l'on croit être à 300 lieues à l'Est de Galam ».

Au XVIIe siècle, les premiers Français arrivent dans la région ; il s'agit de la Compagnie française du Sénégal qui, sous l'impulsion de son directeur André Brüe, décide de remonter le fleuve jusqu'au Galam, et même jusqu'au Bambouck, pour intercepter le plus près possible de

[7] GOMES (D.), « De la première découverte de la Guinée », dans MONOD (Th.), 1975, p. 34-38.

la source le trafic de l'or qui faisait la richesse des comptoirs anglais de Gambie.

Grâce à lui et au père Labat qui a narré ce voyage, les détails de ce commerce nous sont connus. En 1698, Brüe atteint Dramanet ou Dramane, peuplé de 4 000 personnes dont la plupart des habitants sont marabouts, « gens de bon commerce et d'aussi bonne foi qu'il y en ait parmi des nègres Mahométans ». Il détaille la position de ces marabouts commerçants qui tiennent en main tout le trafic de Tombouctou aux comptoirs de Gambie. Au milieu d'un pays peuplé de Khassonkés[8] animistes, ils échelonnent leurs centres le long du Bafing.

Le deuxième groupe de cette confédération est constitué par la région de Diakha sur le Bafing (Jaga pour le père Labat), formée par la réunion de dix villages. Selon le père Labat, c'est à Jaga que se terminent tous les voyages des Sarakolés qui viennent s'approvisionner en or et en esclaves. Comme tous les premiers Français arrivés dans la région, le père LABAT confond en effet les marabouts diakhankés avec les Sarakolés dont ils parlent encore la langue, mais uniquement dans cette zone encore dominée par cette ethnie.

Ainsi, la base du commerce diakhanké s'organise dans cette région autour de deux centres principaux que sont le Galam et le Diakha.

Cependant, l'arrivée des Européens déplace le centre d'intérêt du négoce et c'est alors que les Diakhankés vont créer de nouvelles colonies en Haute-Gambie, afin de fermer l'accès de l'intérieur aux commerçants étrangers et à conserver le monopole des échanges dans les régions aurifères[9].

Dès 1723 un vaste plan d'invasion et d'occupation des placers du Galam-Bambouck est dressé dans le but d'ériger un fort au Bambouck. Un état de dépense était établi pour l'envoi du contingent qui devait être composé de 46 hommes, officiers et ouvriers compris de 15 soldats et de 80 Bambaras. L'expédition occupa les placers de Farabanna qui passaient à l'époque comme étant les plus riches du Bambouck.

Pierre David, autre directeur de la concession du Sénégal, est moins mal connu que la plupart des responsables de la Compagnie. Dans son *Journal de voyage au Bambouck* (1744), il se faisait passer comme quelqu'un qui était plus préoccupé par l'or que par les esclaves. Son

---

[8] Ailleurs, on peut lire Xasonké.

[9] SMITH (P.), « Note sur l'organisation sociale des Diakhanké » dans *Bulletin et Mémoires de la société d'anthropologie de Paris,* Paris, Masson, 1965, p. 244.

expédition au Bambouck constituait une offensive diplomatique destinée à obtenir l'accord des Malinkés du Bambouck, pour l'installation d'une équipe de mineurs français.

Cependant, la plupart des directeurs du département de Galam ne partageaient pas l'avis de Monsieur David pour son grand projet. Pour eux, celui-ci coûterait trop cher en moyens et en soldats et les populations s'y opposeraient.

Il y avait qu'une seule alternative possible : le commerce qui pouvait procurer à la France l'or du Galam-Bambouck.

Leur thèse se trouve résumée dans un mémoire daté du 8 octobre 1734 : « Les vraies mines pour la compagnie, c'est le commerce [...]. Et la quantité d'or qui en sera traitée dépend de la fidélité des employés de ce département. C'est en cela qu'il faut se renfermer. Mais on doit laisser aux nègres du pays l'exploitation des mines d'or à leurs manières [...]. Comme cette exploitation couste peu, l'échange peut s'en faire pour des marchandises de France avec assez d'avantages, sans trop songer à l'avenir, ni à s'emparer des mines d'or à main armée et à s'y maintenir par la force [...]. »[10]

À la fin du XVIIIe siècle, Jean Baptiste Durand, lui aussi directeur de la Compagnie, propose une solution de compromis car, souligne-t-il, les deux projets sont « de méchants rêves » : ils sont impraticables : « Voici le mien ; je le crois plus simple, moins dispendieux et d'une facile exécution. Établissons modestement un comptoir à Galam ; rétablissons les forts Saint-Joseph sur le Sénégal et Saint-Pierre sur la rivière de Falémé : nous y serons reçus à bras ouverts. Là nous commencerons paisiblement avec les habitants du pays... et nous ferons sur eux des bénéfices immenses. Nous changerons les mœurs des habitants du pays ; nous les civiliserons, nous en ferons des hommes et des femmes heureux. [...] Dans cette position, nous profiterons des moindres circonstances et de toutes celles qui se présenteront pour pousser nos établissements plus loin, et perfectionner l'exploitation des mines d'or [...] cependant pour être plus à portée de veiller de pré à l'extradition de cet or, et nous en assurer exclusivement toutes les parties après être convenu des échanges, je proposerais aux propriétaires de faire bâtir des magasins pour les garanties des incursions de leurs voisins »[11].

---

[10] DAVID (P.), « Journal de voyage au Bambouck », 1744, publié par André Delcourt, p. 281-283.

[11] DURAND (J. B.), *Voyage au Sénégal*, p. 296.

Cette documentation suggère toutefois deux faits d'importance :

En premier lieu, l'exploitation des mines de l'intérieur des terres (Bambouck) est plus régulière et beaucoup plus rentable que celle des placers alluvionnaires. L'orpaillage sur la Falémé semble avoir connu un recul sensible par rapport à la période précoloniale.

Cela pourrait s'expliquer par l'instabilité due aux guerres permanentes dans le haut fleuve.

Toutefois, plusieurs nouveaux placers réputés très riches furent découverts vers 1740 près du village de Darsilami.

1.2. Le Galam sous l'occupation britannique (1759-1778)

Dès le début du XVIIe siècle, la Grande-Bretagne manifestait une volonté d'accès aux sources de l'or. D'ailleurs, Abdoulaye Bathily mentionne dans ses travaux que « la mission d'exploration de Richard Jobson en 1620 fut motivée par la recherche de l'or ».

En 1689, une autre mission conduite par Cornelius Hodges réussit à pénétrer au Bambouck et au Boundou et visita le placer de « Nettico », dont l'exploitation avait commencé trois années plus tôt.

Cependant, le séjour de la mission de Hodges n'a pas vraiment duré car les marabouts mandingues furent très réticents à la pénétration des Anglais dans leur territoire. Jusqu'au XVIIe siècle, les caravanes du Haut-Sénégal prenaient la direction de la Gambie ; ce qui a occasionné l'inquiétude chez les hommes de Hodges de voir leurs rivaux français conduire des expéditions saisonnières dans le haut fleuve. Quand les Français furent établis au Galam, les Anglais se préoccupèrent de détourner vers leurs comptoirs de la Gambie les caravanes dioulas[12] du Haut-Sénégal et du Niger. L'histoire des rivalités commerciales franco-anglaises en Sénégambie est assez connue. Les Anglais se fixaient comme objectifs non seulement le contrôle du trafic de l'or du Galam-Bambouck mais aussi celui de la gomme, denrée stratégique pour l'industrie textile.

L'Angleterre, malgré le caractère éphémère de son occupation, trouva dans la traite un intérêt, si l'on en juge, d'une part, par l'activité des caravanes sur l'axe reliant le Sénégal et la Falémé à la Gambie, et, d'autre part, par la traite menée par des marchands particuliers, comme Norton and Grace[13].

[12] Ailleurs, on peut lire jula ou julas.
[13] Groupe de la city of London, in *Guildhall library manuscript*, city of London.

Par ailleurs, les tentatives d'exploitation des mines d'or ont, toutes, échoué faute d'une politique cohérente et à cause de l'hostilité de la population mandingue locale. Donc, en formulant des projets qui, rétrospectivement, prennent des allures fantastiques, les agents de la compagnie continuaient à regarder vers l'est ; ils venaient de longer la limite septentrionale du pays de l'or, le Bambouck, sans soupçonner son existence. Entre 1687 et 1690, les Français sont retournés plusieurs fois dans le Galam pour traiter de l'or. C'est pendant cette période qu'ils ont appris l'existence des orpaillages du Bambouck ; la découverte des mines relevait donc d'un hasard, elle était par ailleurs difficilement admissible dans la mesure où cette réalité ne correspondait pas avec la représentation idéale qu'on s'en était faite. En 1693, Lacourbe écrivait à propos des possibilités de la traite au Galam : « On pourrait aussi y négocier plus de quarante marcs d'or en y mettant un magasin toute l'année, car c'est là où on trouve l'or, les habitants le ramassant dans le sable, après que les eaux sont retirées outre celui qu'on y apporte de plus loin ». La non-civilisation associée aux communautés mandingues du bassin de la Falémé s'exprime à travers un discours qui se veut rationnel, fruit de l'observation et des relations tissées avec ce peuple.

Pour stigmatiser la sauvagerie, des considérations sociologiques et psychologiques se sont substituées à l'évocation d'attributs physiques de la monstruosité. Les communautés mandingues de la Sénégambie orientale apparurent comme l'antithèse de la représentation policée des sources nigériennes du métal précieux. Elles échappaient aussi aux normes européennes de l'organisation sociale. Au lieu de la richesse ostentatoire attendue, les marchands français et anglais n'ont rencontré que des petits villages dénués d'attrait, dont la population, qui semblait pourtant installée sur une montagne de métal jaune, n'était jamais à l'abri du besoin. Ils en déduisirent certains traits de caractère de ce peuple (paresse et absence de savoir-faire furent données comme responsables de la pauvreté des lieux). Cette interprétation devait d'ailleurs justifier par la suite les projets d'exploitation directe des mines d'or du Bambouck formulés par les Français.

1.3. L'orpaillage au temps des compagnies coloniales

L'or du Sahel joue un rôle clé dans le commerce transsaharien, mais aussi dans le commerce méditerranéen et dans le commerce avec l'Orient et finalement dans le commerce mondial. Les caravaniers n'ont pas laissé de statistiques sur les flux d'or à travers le désert et les commerçants sahéliens n'ont rien laissé non plus concernant les quantités qu'ils achetaient aux orpailleurs. Nous avons vu que toutes les grandes provinces aurifères et même de moins grandes étaient déjà connues au temps des empires. Les **alluvions aurifères** (déposées par les rivières) et les **éluvions** (produits de la décomposition sur place des roches) contenant de l'or étaient certainement exploitées par les mêmes méthodes d'orpaillage que celles observables de nos jours.

En revanche, la recherche et l'exploitation de l'époque devaient être plus faciles que celles en vigueur actuellement puisque les provinces aurifères n'avaient encore été que peu exploitées et pas encore écrémées.

Par comparaison avec ce que l'on a pu constater au début de l'époque coloniale, on a estimé que le seul Bambouck produisait deux millions de francs, soit 6 tonnes d'or au début du XXe siècle.

Comme le mentionne Jacques Giri : « Il est probable que l'orpaillage a dû, pendant des siècles, produire des tonnes d'or par an pour l'ensemble de l'Afrique de l'Ouest ».

L'estimation de R. Mauny de 9 tonnes produites par an en moyenne au temps des empires montre que le Bambouck fut un vrai « Eldorado ».

D'après J. Giri, « aucun voyageur arabe n'avait visité les exploitations aurifères au temps des empires ». Mais, précise-t-il : « Il est possible que les Portugais aient atteint le Bambouck dès le XVIe siècle ».

En 1680, Cornelius Hodges visita le Bambouck, mais il trouva des mines abandonnées pour cause de famine. Il faut attendre 1716 pour qu'un Français, facteur de la compagnie française du Sénégal, Compagnon, les atteigne à son tour et en fasse une description. Ce dernier attachait une grande importance à connaître le Bambouck, pays des mines d'or, et à entrer en relation avec les habitants de cette contrée. Il se munit de présents pour les chefs indigènes et fit trois voyages dans le Bambouck en un an et demi. Il remonta d'abord le Sénégal jusqu'au fort Saint-Joseph, dans le pays Galam, et revint par les montagnes jusqu'au fort Saint-Pierre, élevé sur les bords de la Falémé, affluent du Sénégal ; il suivit ensuite la Falémé jusqu'à Tambaoura où se trouvaient les mines d'or, au centre du Bambouck. Il est surtout frappé par le faible niveau technologique des exploitations, qui restent superficielles et du lavage des terres aurifères :

« L'extraction de l'or est d'une imperfection qui étonne », écrit-il, ou encore « ils ignorent la manière de faire des échelles et n'ont point assez d'industrie pour soutenir la terre pour empêcher qu'elle ne s'écroule. Ils ont seulement l'usage de tailler des degrés pour y redescendre, ce qui prend beaucoup d'espace et n'empêche pas la terre de tomber ». Compagnon poursuit : « On conçoit qu'avec si peu d'industrie non seulement ils ne tirent qu'une petite partie de l'or qui est dans la mine, mais qu'ils ne recueillent même qu'imparfaitement celui qu'ils ont tirés, car ils ne s'arrêtent qu'aux parties sensibles qui demeurent au fond du vase, tandis qu'il sort avec l'eau et la terre une infinité de particules qui feraient bientôt la fortune d'un Européen ». Et il conclut : « On ne doutera point que si ces terrains métalliques étaient ouverts par des mains habiles, ils ne produisirent beaucoup plus que les nègres n'en peuvent tirer ».

En 1844, Raffenel visite à son tour le Bambouck et nous décrit la mine qu'il a vue en exploitation : « Le puits est un trou conique de 7 à 8 mètres dont les parois non étayées menacent de s'effondrer au fond, une galerie de 40 à 50 mètres permet d'aller chercher les alluvions ».

Mais il a vu aussi d'autres mines alors inexploitées, « des trous d'une effrayante profondeur, garnis de distance en distance, de traverse de bois scellés aux parois, et formant des croix horizontales, ces traverses servent à recevoir les échelles des mineurs ». Il estime à 35 ou 40 mètres la profondeur de ces puits. « Ce sont les femmes qui lavent les alluvions aurifères dans les calebasses, recueillent la partie dense, la font sécher et la soufflent dans des valves de coquillages [...] Les molécules et paillettes aurifères sont ensuite fondues ». Comme Compagnon, Raffenel est persuadé que les Mandingues qui exploitent le Bambouck sont de piètres mineurs : « Les vices nombreux de cette préparation sont remarquables », écrit-il, et il cite les morceaux de schistes contenant des paillettes d'or, le lavage qui laisse partir un grand nombre de paillettes et le soufflage de l'or qui entraîne les « molécules d'or, d'une ténuité presque microscopique ».

Quant aux mines de **Bouré,** il faut attendre René Caillé pour avoir des données sur elles. Il ne les visita pas mais il s'arrêta à Kankan et il en rapporta une description assez précise : « Ce sont des puits et des galeries creusées dans les éluvions. [...] Des esclaves sont continuellement occupés à tirer les terres, ils emploient à cet usage, des paniers faits avec des branches d'arbres ; les femmes lavent cette terre dans les calebasses ; elles mettent beaucoup d'eau, et après avoir bien remué, elles la transvasent, ainsi plusieurs fois lavés les morceaux d'or se déposent au fond de la calebasse et sont ramassés précieusement ; cet or est fondu, mis en boucles ou en lingots ».

Caillé pense, comme Compagnon et Raffenel, que les Sahéliens sont de piètres mineurs et qu'il doit rester une bonne quantité d'or dans les terres.

Dans d'autres parties du Bambouck, le même voyageur signale qu'on ne traite pas seulement les alluvions mais aussi l'or en place dans la roche « empâtés dans des cailloux très durs, blancs ou rougeâtres, qu'on brise et qu'on réduit en poudre pour laver, ensuite faire sécher au soleil, et enfin souffler la poussière fine qu'on a obtenue [...] la difficulté majeure reste l'équation de l'eau de lavage qu'il faut aller chercher à la rivière qui n'est pas nécessairement proche des filons d'or ». Les descriptions que font ces premiers voyageurs européens nous donnent une idée des mines d'or qui ne sont pas très différentes de ce que l'on peut encore voir dans les mêmes régions aujourd'hui.

Aussi est-il permis de penser qu'il a dû y avoir dans l'exploitation de l'or une permanence analogue à celle constatée en matière de techniques agricoles. Et l'on peut imaginer à partir de ces récits ce que devaient être les mines au temps des empires.

Ce qui est frappant, c'est que ces premiers voyageurs tiennent les techniques des Mandingues du Sahel pour peu efficaces.

Selon J. Giri dans *Histoire économique du Sahel*, il est possible que « les mineurs manding et leurs femmes aient été au temps de Compagnon, de Caillé et de Raffenel des orpailleurs peu soigneux mais, pour avoir vu travailler des orpailleurs traditionnels africains, il n'est pas sûr que leurs ancêtres aient gaspillé une grande partie de leurs gisements, comme semblent le croire tous ces narrateurs ». J. Giri n'est pas sûr en particulier que les femmes aient laissé échapper une quantité importante d'or dans le lavage et le soufflage car la densité de l'or est tellement plus grande que celle des matériaux auxquels il est mêlé que la séparation en est aisée même pour des mains malhabiles.

Pour Giri, « il est curieux de voir que les mineurs du Bambouck soient censés ignorer un équipement aussi simple que les échelles ».

Sur l'organisation et la division sociale du travail, Giri note que les hommes creusent puits et galeries, d'autres remontent le minerai dans des paniers ou des calebasses, les femmes le broient et le lavent, d'autres femmes s'occupent de l'intendance, des artisans fabriquent et entretiennent les pioches et piochons nécessaires. De même que les travaux agricoles se font entièrement à la main avec des outils simples, l'exploitation de l'or se fait à la main avec des outils tout aussi simples et la productivité du travail reste faible. Le lavage des minerais se fait en utilisant une calebasse comme batée et sans usage de sluice[14]. L'emploi de celui-ci suppose une dérivation préalable de la rivière pour l'alimenter en eau et la construction de cette dérivation peut nécessiter un gros travail mais, en automatisant la séparation de l'or des autres minéraux, le sluice augmente ensuite considérablement la productivité du travail de lavage des terres aurifères.

1.4. Le commerce de l'or et la réalité du troc muet

Les Arabes savaient qu'au-delà du Sahara, dans un pays nommé Ghana, il y avait beaucoup d'or. Les premiers marchands musulmans s'installèrent à Aoudaghost, où aboutissait la route transsaharienne du Maroc, et du Ghana (IXe siècle). Le développement des relations commerciales entre le Nord et le Sud par le désert contribua à faire monter en flèche la production du précieux métal, qui était extrait des mines du Galam-Bambouck. Cette production aurifère a duré environ sept siècles, avec une moyenne annuelle de 9 tonnes d'or. L'or devint le principal support de tout le commerce transsaharien jusqu'au XVIe siècle, et c'est pour se le procurer que les Arabes ont inclu l'Afrique occidentale dans leur zone d'influence économique, culturelle et religieuse.

Le Galam-Bambouck était devenu leur Far-West, et ils le sillonnèrent sans répit, dans les deux sens, avec leurs caravanes de chameaux et d'esclaves. Parvenu donc jusqu'aux grandes villes commerciales du Sahel, l'or passait des mains des Noirs transporteurs à celles des Arabo-Berbères et d'autres Méditerranéens spécialisés dans le trafic transsaharien et l'import-export. Il y avait dans les principales villes (Aoudaghost, Tombouctou, Oualata, Gao, etc.) des peseurs et bijoutiers qui travaillaient en liaison avec les commerçants exportateurs et dont la tâche était de vérifier une nouvelle fois tout l'or reçu, de le peser et de le préparer pour la traversée du Sahara. Les opérations de raffinage, qui enlevaient toutes les impuretés, laissaient un déchet de 8% environ. Aussi le prix de l'or raffiné était-il plus élevé. À Oualata,

---

[14] Un sluice est une sorte de canal de bois, incliné, dans lequel on fait circuler une eau courante. On charge l'extrémité supérieure des terres aurifères entraînées par le courant. Des aspérités au fond du canal retiennent les minéraux les plus lourds. Parmi eux se trouvent les parcelles d'or que l'on peut récupérer facilement.

c'étaient les Juifs qui monopolisaient le contrôle de la commercialisation de l'or soudanais. Une fois toutes les opérations d'achat et de transformation terminées, l'or était chargé sur les chameaux. Chaque bête transportait environ 127,5 kg d'or.

Nous voyons donc que les empires sahéliens apparaissaient plutôt comme des structures de commercialisation et non comme des structures de production.

Des auteurs arabes, Massoudi et Yacout, ont décrit les rapports commerciaux qui avaient cours entre le Soudan et les marchands filali. Les caravanes, parties du Tafileit, arrivaient dans le Ghana et campaient près des rives du Sénégal. Là, les Noirs venus des zones aurifères, des « sauvages complètement nus », nous dit Yacout, donc pas encore islamisés, s'approchaient d'eux tout en gardant une distance prudente. Les trafiquants déballaient leurs marchandises et s'éloignaient. À ce moment, les Noirs s'approchaient, déposaient à la place des marchandises choisies, la quantité de poudre d'or coutumière, puis se retiraient. Ces transactions faites « à la muette » étaient justifiées par la crainte, chez les indigènes, d'un vol ou même d'un rapt de la part de visiteurs. Les Noirs procédaient de la même manière sur la côte avec les navires étrangers, soit pour se protéger, soit pour se cacher la situation exacte des terrains aurifères. De plus, ils avaient inventé la légende de l'or végétal qui poussait dans le sable comme un vulgaire tubercule, légende qui fut admise pendant longtemps. Ainsi, en 1325, le Mansa (roi) Moussa avait pu déclarer au Caire, pour justifier son prosélytisme assez tiède, que la production de l'or avait souffert chaque fois qu'il avait essayé d'introduire l'islam dans les régions aurifères.

La réalité du troc muet est décrite par plusieurs auteurs. El Maçudi, dès 950, décrit ce curieux commerce : « [...] Les Carthaginois débarquent leur cargaison, la rangent sur la plage, remontent sur leur navire et font une grande fumée, se rendent auprès de la mer et pour prix des marchandises, ils déposent de l'or ; puis ils se retirent au loin. Les Carthaginois reviennent, examinent, et, si l'or leur semble l'équivalent des marchandises, ils l'emportent et s'en vont. S'il n'y en a pas assez, ils retournent à leur navire et restent en place. Les naturels approchent et ajoutent de l'or, jusqu'à ce qu'ils les aient satisfaits, jamais de part et d'autre, ils ne commettent d'injustice : les uns ne touchent pas à l'or, avant qu'il n'égale la valeur des marchandises, les autres ne touchent pas à la cargaison, avant qu'on n'ait enlevé l'or [...] ». Les Européens qui débarquent en Afrique de l'Ouest vers 1450 décriront le même commerce muet. Les marchands apportent donc leurs marchandises, les déposent en un lieu désert, situé « de l'autre côté du grand fleuve », et ils se retirent. Sur cet étrange foirail sans marchands, apparaissent alors les mineurs qui jaugent les marchandises, déposent leur poudre d'or et s'en vont. Le lendemain les marchands reviennent. Si la quantité d'or leur paraît raisonnable, ils emportent la poudre et les mineurs reviendront plus tard enlever les marchandises. Réapparaissent alors les mineurs qui, soit augmentent la quantité d'or déposée et la négociation se poursuit de la même manière qu'elle a commencé, soit reprennent leur or signifiant ainsi aux marchands qu'ils sont trop exigeants et qu'on ne souhaite pas continuer de négocier avec eux. « Et de cette sorte, ils troquent les marchandises les uns avec les autres, sans se voir ni parler, par une ancienne coutume qui semble étrange et difficile à croire », relate Ca Da Mosto. Ces orpailleurs étaient des populations paléonégritiques, timides, craintives, disséminées dans des espaces immenses où ils vivaient en économie de ponction, ils recueillaient l'or fluvial à temps perdu pendant la saison des pluies, selon la tradition orale ; cette occupation était essentiellement celle des femmes. « Chacune conservait sa récolte dans des tiges de plumes et des os creux d'oiseaux qu'elle fermait avec des petits bouchons et fixait dans la masse crépue de sa chevelure ».

La réalité du troc à la muette de l'or africain, du Ve siècle avant Jésus Christ au XVIe siècle, apparaît à la lecture des écrits de Hérodote (vers 484-420 av. J.-C.) et de Yacout (XIIIe siècle).

Hérodote, dans son *Histoire CXCVI*, *Livre quatrième*, atteste l'existence de cette pratique à son époque entre navigateurs carthaginois et populations noires. Ce procédé permettait, grâce à un évitement réciproque, à deux « partenaires étrangers très écartés l'un de l'autre sur l'échelle des types sociaux des échanges ponctuels de biens et (ou) de personnes ».

Dix-huit siècles après Hérodote, Yacout (XIIIe siècle), cet auteur arabe, témoigne lui aussi de la réalité du troc à la muette. Sa relation date du XIIIe siècle, sensiblement de l'époque à laquelle les Mandingues construisaient leurs tata[15] au bord de la Gambie, à la limite de sa navigabilité atlantique permanente.

[15] tata : villages fortifiés, habitats autochtones dont les occupants cherchent à troquer leurs récoltes dans les placers.

Entre 1178 et 1229, Yacout écrit : « […] Les marchands maghrébins arrivent à proximité du Sénégal, annoncent leur présence à l'aide de battements de tambours. Les Mandingues et Beliyan[16] des régions aurifères, dès qu'ils entendent le son du tambour, sortent de leurs cachettes et attendent sans bouger à une certaine distance. Les commerçants déballent leurs marchandises, puis tous s'éloignent […]. Les Mandingues s'approchent alors et déposent une quantité déterminée de poudre d'or puis se retirent […]. Les marchands viennent ensuite et chacun prend ce qu'il trouve d'or à côté de son tas de marchandises. Ils s'en retournent en battant du tambour pour annoncer leur départ, laissant les marchandises […] ».

Dans *Esmeraldo de situ orbis*, une compilation nautique à l'usage des capitaines des navires portugais, Duarte Pacheco Pereira (début du XVIe siècle) écrit : « […] À 200 lieux au-delà de ce royaume de Mandingues, on trouve une contrée où il y a beaucoup d'or qui s'appelle Toom, dont les habitants ont une tête et des crocs de chiens et des queues comme des chiens… ce sont des nègres qui évitent d'entrer en conversation parce qu'ils ne veulent pas voir d'autres hommes. Les habitants de certains lieux vont à ce pays de Toom acheter de l'or en échange de marchandises et d'esclaves… La traite se fait de la façon suivante : celui qui veut vendre un esclave ou autre chose se rend à un lieu convenu et attache ledit esclave à un arbre et y creuse un trou dans la terre de l'importance qui lui paraît bonne. Cela fait, il s'éloigne d'une bonne distance et alors vient la tête de chien qui, s'il est content de remplir d'or ladite excavation, sinon, il la bouche avec de la terre et il en fait une autre plus petite et s'éloigne à son tour. Cela fait, le maître de l'esclave revient et voit le trou qu'a fait la tête de chien et s'il est content, il s'éloigne de nouveau et, lorsqu'il est parti, la tête de chien remplit d'or l'excavation. C'est de cette façon que se pratique le commerce de l'or […] ».

En somme, ce chapitre sur le troc muet permet de saisir le sens de la pratique de l'orpaillage dans la vie en société, qui forme un tout dont on ne peut séparer les composantes. Et l'économie n'est jamais qu'une de ces composantes. Aussi y a-t-il une bonne part d'arbitraire à proposer une lecture économique de l'histoire d'un groupe humain (mandingue) ; et il y a un risque d'en faire une lecture erronée parce qu'on ne verra

[16] Beliyan (Be-Liyan = Fils de la pierre… latéritique) : ensemble ethnique paléontologique encore appelé Tenda ; il comprend aujourd'hui les ethnies bassari, bedik, cognagui, etc.

pas ou qu'on négligera les composantes non économiques et leurs liens avec l'économie.

Toutefois, même si l'économique (troc, échanges) est loin d'expliquer tous les comportements humains de ces orpailleurs, il est évidemment une donnée dont les sociétés mandingues notamment, comme toutes les sociétés humaines, d'ailleurs, n'ont jamais pu faire abstraction.

Les orpailleurs, incapables de communiquer sur le plan des âmes et cultures, limitent raisonnablement leurs contacts au simple troc de biens matériels, dans le cadre d'une situation d'évitement réciproque combinant l'élimination de tout conflit virtuel et le respect d'autrui par non-ingérence dans son environnement socioécologique.

1.5. Organisation du droit coutumier sur les sites d'orpaillage

De tout temps, les orpailleurs du Bambouck, du Bouré et du Galam pratiquent l'orpaillage toute l'année. Cette activité séculaire est organisée sur une base communautaire et familiale : transmission de la tradition de père en fils, habitus et valeurs du travail, rigueur des sanctions (l'or n'est pratiquement jamais volé dans les paillotes). Les bases de ce code oral de conduite sont les suivantes : le droit de propriété est au premier occupant, le découvreur d'un gisement en est le propriétaire et prend le nom de *diouratigui* « chef du placer ». Mais la terre est avant tout un bien de la communauté, seule son exploitation est considérée à titre individuel. Le premier occupant n'a donc qu'un simple droit d'usage sur la terre occupée. Le *diouratigui* dirige toutes les opérations dans le placer et son autorisation est nécessaire pour y exercer une activité quelconque. À ses côtés, les *tomboloma* « juges des placers » ont un rôle de juge, choisis par leur connaissance des coutumes et pour leur intégrité ; ils règlent tous les litiges nés de l'orpaillage. Cette fonction est purement honorifique. Les *tomboloma* prononcent des sanctions (payer des noix de cola, des chèvres, des poulets) en cas de transgressions de certaines règles : présence de cordonniers, de chiens, de marmites métalliques dans les placers, rapports sexuels sur le site, bagarres, disputes, etc. Ces sanctions peuvent aller jusqu'à l'exclusion de la communauté.

La première organisation réglementaire du droit coutumier sous la colonisation a été fixée par le décret du 06 juillet 1899. Elle concernait tous les pays de l'Afrique-Occidentale française. Le droit des « indigènes » régissant l'exploitation des placers aurifères était reconnu par l'article 9 dudit décret ainsi libellé : « Les indigènes conservent leur droit coutumier d'exploiter les gîtes superficiels d'or, jusqu'à la profondeur à laquelle ils peuvent atteindre suivant les conditions de chaque gisement, avec leurs procédés actuels. Nuls permis d'exploration, de recherche ou d'exploitation ne peuvent donner le droit d'entraver les travaux. Toutefois, les puits peuvent être foncés à travers ces gisements profonds après entente avec les exploitants indigènes ou, à défaut d'entente, moyennant une autorisation de l'administration et le paiement d'une indemnité en faveur des ayants droit, égale au double du préjudice causé. En cas de contestation sur la nature, l'étendue et l'exercice des droits appartenant aux indigènes en vertu du présent article, il est statué par le commandant de circonscription sauf appel dans le délai de six mois devant le tribunal de première instance de la justice de paix à compétence étendue de la région ».

L'application de ce décret a été source de nombreux conflits et le législateur colonial dut intervenir à nouveau pour mettre fin à une situation qui compromettait les intérêts des exploitants européens. C'est ainsi qu'un nouveau décret fut promulgué en octobre 1924 suivi d'un arrêté local en août 1925.

Ces derniers délimitaient les zones réservées à l'exploitation par les « indigènes », conformément à leurs droits coutumiers.

CHAPITRE II

LES ORPAILLEURS DANS LA SOCIÉTÉ TRADITIONNELLE MANDINGUE

2.1. Origine et parcours des orpailleurs mandingues de Kédougou

Les Bambaras et les Malinkés sont les deux principaux représentants du groupe linguistique appelé mandingue par les ethnolinguistes[17]. Le rameau culturel mandingue est l'un des plus vastes de l'Afrique occidentale. En effet, les Mandingues constituent la majorité numérique au Sénégal oriental. Dans les pays limitrophes, les Mandingues forment d'importants groupes homogènes : c'est le cas des Malinkés en République de Guinée, des Bambaras au Mali. Il existe également des minorités très importantes dans les autres États comme la Guinée Bissau, la Gambie, la Côte d'Ivoire, le Burkina Faso.

L'on rattache également au groupe mandingue des populations voisines comme les Soninkés ou Markas, les Bobos, les Miankas. Si les unes et les autres ont une certaine parenté linguistique due très certainement à l'influence culturelle des Mandingues, cette parenté est toutefois sans grande portée pratique. En effet, parmi les groupes classés mandingues, les possibilités de communication directe n'existent en fait que pour quelques-uns d'entre eux : les Bambaras, les Dioulas, les Malinkés, les Khassonkés, et les Diakhankés.[18]

C'est ainsi que les Khassonkés et les Wassoulounkés[19] sont le produit du métissage culturel entre populations mandingues (Bambaras et Malinkés) avec des pasteurs foulas[20] ou peuls. De même que les

[17] Il convient de préciser que le terme « Mandingue » est une création de l'Administration coloniale française. De même que « Bambara » et « Malinké » sont la déformation de *Bamanan* et de *Mandenka* ou *Maninka* (habitant de la région du Manden). Tout à croire également que le vocable « *baman* », lui-même, serait lié au phénomène d'islamisation.

[18] LETCHE (F.) et VIEL (F.), *Construction territoriale, peuplement, appropriation et représentation*, Mémoire de maîtrise de géographie, Université Cheikh Anta Diop de Dakar, 1995.

[19] Ailleurs, on peut lire Wasulunké, Ouassoulonké.

[20] Ailleurs,on peut lire fula ou fulas.

Diakhankés et les Maninka-Moris de la République de Guinée sont des Soninkés « mandinguisés » vers le XVIe et le XVIIe siècle.

Les populations diakhankés, malgré leurs différenciations dues aux processus historiques liés à leur formation, ont un passé culturel commun, et possèdent une profonde cohésion qui tient notamment à la concentration au sein d'une aire déterminée. Elles sont pour la plupart grands orpailleurs et agriculteurs.

2.1.1. Origines mythiques des orpailleurs diakhankés

2.1.1.1. Mythes et clans affiliés

Bonnel de Mézières[21] avait lors de sa mission, en 1941, dans les villages diakhankés, tenté de démontrer que ces orpailleurs étaient d'origine juive.

Avant lui, Rançon avait déjà insisté sur les caractères anthropologiques de type sémite communs à certaines familles diakhankées.

Diakhanké signifie gens de Diakha. Ce *Diakha* à l'origine du clan diakhanké est *Diakha-Bâ* « **Diakha la grande** » ou **Bambouck-Diakha**. C'est là que **Bemba Laye**, le grand ancêtre des Soaré, a rassemblé des fractions de nombreux clans. *Bemba* signifie ancêtre en malinké et désigne en général le tout premier fondateur du clan diakhanké et *Laye* correspond ici à El hadj, le titre donné au musulman ayant effectué le pèlerinage à la Mecque.

Selon la tradition, Bemba Laye choisit plusieurs femmes, originaires d'ethnies différentes. Il aurait laissé sa femme diakhankée avec ses enfants en Haute-Gambie. Selon Smith, ceux-ci seraient les ancêtres des Soaré du Niokholo, du Dentila et du Boundou.

2.1.1.2. Tentative de datation

Smith précise en effet que : « les Diakhanké n'ont pas une idée très précise de la profondeur historique et [...] la conservation des généalogies n'est pas, chez eux, soumise à une exigence de vraisemblance historique ». C'est en se référant aux traditions et légendes sur les origines des Sarakolés ou Soninkés qu'il arrive à la conclusion que la fonction de Bemba Laye chez les Diakhankés est essentiellement mythique.

[21] DE MÉZIÈRES (B.), « Les Diakhanké de Bani Israël et du Boundou Méridional (Sénégal) », *Notes africaines*, n° 41, 1949, p. 20-25.

2.1.1.3. Distinction avec les Sarakolés

Les marabouts de Diakha, issus de Bemba Laye, ainsi que les affiliés ne se distinguaient alors des autres Sarakolés que par leur foi musulmane et leur réputation de ferveur, de sagesse et de puissance.

Lorsque les orpailleurs malinkés de Soundjata, les Sissokho envahirent la région, mettant la main sur les gisements aurifères, les Sarakolés furent absorbés par l'envahisseur ou repoussés vers le nord. Les marabouts de Diakha quant à eux parvinrent à conserver leur autonomie en bénéficiant de la protection des nouveaux maîtres du pays (les Sissokho).

2.1.2. Parcours des orpailleurs diakhankés

Ce détour par le parcours historique des Diakhankés découle de la « démarche stratégique » de Durkheim qui veut que l'on parte des manifestations concrètes d'un phénomène pour comprendre ses causes. Cette démarche permet de voir quelle est la part d'historicité dans la construction de l'identité collective des orpailleurs diakhankés.

Tout d'abord, il apparaît clairement que les orpailleurs diakhankés ne se considèrent pas comme une « race » mais comme une ethnie au sens traditionnel du terme. Il s'agit d'une population considérée comme cohérente, dont les membres partagent une culture commune, notamment la langue, les institutions, les rites.

J. Bonnemaison[22] précise « qu'une ethnie existe d'abord par la conscience qu'elle a d'elle-même et par la culture qu'elle produit [...]. L'ethnie est ce que l'on appelle ailleurs un groupe culturel, mais dont les contours dans les civilisations traditionnelles sont forts parce que liés souvent à une expression politique, c'est-à-dire un territoire ou tout au moins une aire de répartition spatiale ».

C'est cette appartenance historique qui fonde leur identité. Ce qui revient donc à souligner que les orpailleurs diakhankés forment un groupe culturel d'*appartenance*[23], qui facilite leur processus de socialisation, se présente à la fois comme le produit agissant de conditions sociales passées et comme le principe générateur des pratiques et des représentations. Tout un ensemble qui permet à l'orpailleur de développer des stratégies de socialisation anticipatrice.

---

[22] BONNEMAISON (J.), « Voyage autour du territoire », 1989, p. 52.

[23] Le groupe d'appartenance est le groupe où l'individu dit ou est censé appartenir : *cf.* LÉVY (A.), *Psychologie sociale, Textes fondamentaux*, Paris, Dunod, 1966.

2.2. L'organisation sociale chez les orpailleurs diakhankés

Si les Diakhankés sont, comme l'affirme Rançon, de « bons éleveurs et cultivateurs », ils sont avant tout fervents musulmans et habiles orpailleurs. Ce qui leur permet cette prospérité décrite par Rançon.

En effet, grâce à leurs activités commerciales (commerce de l'or et de denrées), ils ont pu acquérir un nombre important de captifs, sans lesquels ils ne peuvent conserver leur mode de vie.

Tirant profit des guerres, ils se sont arrangés pour contrôler le commerce de l'or et des armes, qu'ils échangeaient avec des captifs. Ceux-ci, utilisés comme serviteurs de case, porteurs pour caravanes, orpailleurs sur les sites aurifères. Avec cette main-d'œuvre, ils assuraient les vivres de la famille, tout en voyageant. Ils leur permettaient également de cultiver loin du village dans les hameaux en période d'hivernage, et de s'adonner à l'orpaillage durant la morte-saison. Et lorsque nous avons interpellé le chef de village de Laminia, celui-ci nous a raconté que son père allait à cheval toute la journée pour surveiller le travail dans les champs. Les captifs représentaient un élément essentiel du complexe agraire traditionnel à travers l'Afrique musulmane. Ils n'étaient pas des esclaves au sens européen du terme : ils faisaient partie de la famille du maître. Ils devaient travailler (dans l'agriculture et dans l'orpaillage) pour celui-ci qui, en échange, subvenait à tous leurs besoins. Ainsi, faire ou acquérir des captifs revenait tout simplement à agrandir la cellule familiale, selon cet idéal des dépendants que toute l'Afrique a partagé. Ce système permettait la prospérité puisqu'il était la base d'un commerce fructueux.

Si les villages diakhankés n'avaient pas de véritables finages, il est exagéré de les considérer comme de simples unités d'habitation. En fait, l'absence de finage est liée à l'organisation sociale, permise par la présence des captifs. Sans eux, les habitants ne pourraient cultiver aussi loin des villages.

2.2.1. Les structures sociales des orpailleurs

2.2.1.1. Les clans et lignages des orpailleurs

Il y a une homogénéité linguistique conforme aux structures sociales des orpailleurs, du moins si nous les considérons sur le plan des principes les plus généraux. Le rameau mandingue est soumis à un régime patrilinéaire en matière de descendance, de statut, d'héritage et de succession. L'unité fondamentale est la famille patriarcale étendue, le ***lu*** des orpailleurs malinkés, qui regroupe généralement un patriarche, le ***fa*** avec ses frères cadets et ses fils, leurs épouses et leurs enfants, ainsi que leurs captifs, et des étrangers en voie d'assimilation. Le ***lu*** se scinde généralement quand s'éteint la plus vieille génération et ce schéma pourrait s'appliquer à un système segmentaire classique. La famille étendue, limitée à trois ou quatre générations, correspond en effet à un lignage minimal et elle est emboîtée dans des lignages mineurs, majeurs et parfois maximaux. Les lignages sont localisés et correspondent généralement à un quartier (***kabila*** ou ***bösö***) et les gros villages qu'aiment les Mandingues en comptent souvent un nombre important. Les lignages qui cohabitent ainsi appartiennent généralement à des clans différents. En employant le terme « clan », nous restons fidèle à la terminologie de Delafosse, dans *La langue manding et ses dialectes*, que la sociologie moderne n'a nullement désavouée.

Un clan mandingue compte une infinité de lignées locales, dont certaines peuvent appartenir à des castes, mais qui ont en commun un ***dyamu*** « nom honorable », et le ***burudyu*** « une devise ».

Plusieurs lignées reconnaissent le même ***tana*** « un interdit animal ou végétal pourvu d'une légende étiologique », mais qui vaut rarement pour tout le clan. C'est le cas des populations du village de Sabodala, dont le ***tana*** est le serpent.

La ***sèñankuya*** « parenté à plaisanterie », « l'alliance cathartique » de Griaule, unit des clans par paires ou par groupes. On doit garder à l'esprit que le clan n'est ni un groupe constitué ni un groupe résidentiel. Il est dispersé dans d'immenses espaces et figures souvent au sein de plusieurs groupes ethniques. Des lignées en relations fréquentes établissent des équivalences entre leur ***dyamu*** et le snobisme fait triompher la forme la plus prestigieuse. Des captifs émancipés adaptent généralement le nom de leur maître et des étrangers à celui de leur hôte, afin de mieux s'enraciner dans leur nouveau pays. Il n'est donc pas surprenant que les diverses lignées d'un clan ignorent leurs connexions généalogiques exactes. Le ***dyamu*** est pour eux le symbole d'une solidarité morale qui n'est d'ailleurs pas sans portée pratique, puisqu'elle sert de cadre à la vie commerciale. Il est notoirement impossible de s'intégrer à un village mandingue sans adopter un ***dyamu*** avec tout le complexe socio-religieux qu'il implique. Mais le clan n'a aucune personnalité politique ou religieuse. Sa dispersion exclut un chef, mais elle permettrait des autels ancestraux et un culte commun, alors qu'il n'en est rien. De telles institutions existent, mais elles sont le privilège exclusif des lignages dans le cadre des ***kafu*** « villages ». C'est aussi le lignage et non le clan qui est exogame. Les mariages peuvent donc s'opérer de village en village et non pas seulement d'un quartier à l'autre. Chez l'ensemble des orpailleurs, il y a mariage préférentiel entre cousins croisés, mais limité à la fille de l'oncle maternel. Dans une société de ce type, il est naturel que la dot (***furunãtolo***) serve de preuve à l'alliance matrimoniale (***birãnya***), qui unit deux lignées, car son remboursement est le principal obstacle à un divorce relativement facile. Sa dévolution détermine celle des enfants, car ils reviennent à la mère s'il n'y a pas eu paiement. Sa composition et son importance varient à l'extrême. Les biens de prestige y tiennent toujours la première place, des bœufs, par exemple dans les pays où l'élevage est valorisé, et à peu près partout des tissus d'une qualité bien déterminée. Les prestations du fiancé au profit des beaux-parents sont généralement inversement proportionnelles à l'importance de la dot. Les orpailleurs malinkés insistent au contraire sur la dot et il est significatif qu'ils méprisent les enfants naturels, contrairement à la plupart de leurs voisins. Les mariages étaient rarement conclus avant la trentaine, sauf chez les musulmans, et la polygamie était très développée, mais seulement chez les hommes âgés.

Tout cela est donc fort simple. Ces peuples ignorent les complications des systèmes matrilinéaires où les hommes commandent sans transmettre aucun droit. Chaque lignage localisé se distingue de ses homologues par un nom qui est formé par celui de l'ancêtre, auteur de la scission, augmenté du suffixe *-si* « semence ». Il en va ainsi à chaque segmentation, depuis le lignage maximal jusqu'au lignage minimal, lequel s'incarne habituellement dans un ***lu***. Les libres roturiers (***horõ***) ne connaissent généralement que des lignages minimaux et mineurs. Quand ces derniers naissent par scission, en formant un nouveau ***lu***, celui-ci est investi des seuls droits fonciers solides, car il les reçoit directement ou indirectement du *maître de la terre*. Bien que le nouveau ***lu*** organise peu à peu le culte de ses propres ancêtres, il continue de participer à celui du ***lu*** issu de l'aîné. Chacun d'eux possède en tout cas, dès l'origine, une parfaite autonomie économique et politique. Le ***fa*** gère la « communauté taisible » décrite par Labouret dans *Les Manding et leur langue* ; c'est-à-dire la totalité des droits fonciers et des immeubles, ainsi que de nombreux meubles (***foroba***). Il dirige le travail de ses « enfants », qui disposent cependant de deux jours par semaine pour cultiver et acquérir des biens personnels. Il distribue entre les ménages la nourriture quotidienne et arbitre les différends qui peuvent opposer les siens. Ses pouvoirs sont cependant disciplinaires et non judiciaires et sa *patria potesta* n'a rien de despotique. En fait, il ne décide rien sans l'accord de ses « frères » classificatoires, et il redoute les critiques des autres ***fa***, dont les filles sont mariées chez lui. Cependant, vis-à-vis de l'extérieur, c'est lui la seule personne majeure et responsable. Il incarne le droit de citoyenneté collectif du ***lu*** et il est le seul appelé à participer à la vie publique. Il convient de souligner que ce tableau est valable seulement pour l'ensemble des orpailleurs mandingues. Dès qu'on se tourne vers les ethnies marginales, comme les Bassaris et les Bédicks, tout se complique.

2.2.1.2. Le phénomène des castes

En dehors des lignées souveraines qui forment l'aristocratie des ***tuntigi***, les orpailleurs mandingues se distinguent des autres ethnies par une division fondamentale de la société entre :

- hommes libres (***horõ***) ;
- captifs (***dyõ***) ;
- artisans (***nyamakala***).

La captivité est une pratique universelle en Afrique, mais les Mandingues ont toujours eu plus d'esclaves que les autres groupes. Sans qu'ils aient été spécialement mal traités, leurs captifs avaient plus de mal à accéder au statut d'hommes libres et à s'assimiler aux lignages de leurs maîtres. Les orpailleurs « castés » (***nyamakala***) des clans Cissokho ou Diankha doivent être distingués des groupements professionnels comme les Dioulas commerçants. Ceux-ci forment des associations volontaires régies par un règlement (*tõ*) avec une forte hiérarchie, des cultes et des techniques, si bien que leur rôle militaire et politique est souvent considérable. Ils n'ont cependant rien d'héréditaire contrairement aux castes et celles-ci témoignent de l'ancienneté et du grand développement de l'artisanat dans les civilisations du Soudan occidental.

Les ***nyamakala*** subissent une ségrégation sexuelle totale, qui réduit chacun de leurs groupes à l'endogamie, et l'opinion considère leurs mœurs comme suspectes. On en déduit qu'ils sont méprisés ; ce qui est vrai seulement pour les ***garãngè*** et notamment les ***kulé***. En fait, ils sont tenus à l'écart en raison des forces redoutables qu'ils affrontent dans leurs activités techniques. Le cas des ***numun*** « forgerons » est particulièrement net car leur maîtrise du feu et du métal en fait des personnages redoutés et craints. Sur les différents sites d'orpaillage, les forgerons sont spécialistes en technique de confection des outils pour l'orpaillage, tout en étant interdits d'accès aux *dioura*.

2.2.1.3. La constitution des villages (*dugu*)

Plusieurs ***lu*** voisins, apparentés, ou du moins de condition analogue, forment un quartier (***su-kala***, ***kabila***, ***bösö***), qui est un groupement de fait, dépourvu d'institutions propres, à moins qu'il ne se confonde avec une famille très étendue. Les villages des orpailleurs ont des structures quasi identiques.

La première unité constituée qui transcende le ***lu*** est le village, dont le nom malinké, *dugu*, définit un territoire et non un ensemble de constructions (***so***). Sa structure est assez démocratique, bien que la place de chef (***dugutigi***) soit réservée en principe au *fa* du lignage aîné. Celui-ci est en effet seul lié aux divinités du terroir (***dasiri***), dont le culte s'exerce exclusivement dans le cadre du village, comme celui des ancêtres du lignage. Les droits fonciers des autres ***lu*** dérivent donc exclusivement des siens.

Le ***dugu*** est donc avant tout une unité religieuse et une association rituelle responsable des grandes fêtes annuelles et des incantations pour une bonne saison d'orpaillage. Il célèbre ainsi le Nouvel An animiste (***Dyõmbènè***), qui tombe régulièrement après le solstice d'hiver, tous les mois de janvier, tandis que celui des musulmans se déplace au rythme de l'année lunaire. Le ***Dõmba*** annonce trois mois plus tard l'approche des travaux agricoles, dont la fête des semailles marque le début, tandis qu'à celle des récoltes (***Dugu-sõ***), les prémisses assurent la bienveillance des puissances invisibles (septembre-octobre). Le ***dugutigi***, aujourd'hui chef de village, n'est que le plus respectable des ***fa***, un *primus inter pares*, et non un despote séculier. Cet égalitarisme foncier est matérialisé par le ***gbá***, un hangar sous lequel il siège avec ses collègues en bordure de la place publique (***fèrè***). Cette espèce de conseil, sans lequel le chef ne peut rien faire, exclut les ***fa*** des lignées *nyamakala* et captives, à l'exception cependant des ***numun*** et des ***finè***. Il réunit donc les ***tuntigi*** et l'ensemble des ***horõ***.

2.2.2. Les cadres sociaux de l'organisation sociale

Il s'agit ici de distinguer dans l'organisation sociale des populations diakhankés deux aspects fondamentaux. Le premier aspect est constitué par ce que nous appelons les **éléments structurels**, à savoir les cadres qui organisent l'action normative des orpailleurs, c'est-à-dire l'action sociale orientée selon les normes ou règles collectives. Le second aspect de l'organisation sociale est sous-tendu par des **éléments culturels** destinés à donner à celle-ci une identité, une dimension spécifique.

Ce qui retient notre attention dans cette partie, c'est principalement les éléments structurels qui constituent les cadres sociaux de la pratique de l'orpaillage.

Ainsi, l'impératif de vie communautaire des orpailleurs entraîne la création d'un grand nombre de réseaux de rapports (division du travail, alliance matrimoniale, partition à des rituelles, etc.), lesquels se formalisent dans des cadres organisés qui sont : la famille (***gwa*, *lu***), le quartier (***kolé***), le village (***dugu***), voire dans un espace sociopolitique plus large (***kafo***).

Mais au-delà des cadres de base dans lesquels se regroupent les rapports sociaux, il y a également la formation de groupes tels que : les classes d'âge (*kari* ou *flan-ton*) sur lesquelles sont greffées d'autres formes d'associations de solidarité appelées ***ton***. Ces cadres qui organisent la vie sociale créent une manière de penser, de sentir et d'agir dont l'orientation est structurée suivant des collectifs partagés par les orpailleurs. Ces modèles sont articulés autour d'une notion fondamentale, qui est la parenté envisagée comme structure globale et générale.

Chez les orpailleurs, la parenté se dit «***fadenya***, ***badenya*** », et trouve son expression dans la communauté familiale et dans la communauté résidentielle.

Ici, la parenté peut désigner des rapports entre individus basés sur certaines formes d'affinités ou sur une ascendance commune, réelle ou supposée.

D'abord, il y a l'ancêtre commun, celui dont les exploits ont permis l'émergence du groupe. Il est celui dont les faits sont symbolisés par une devise (***jamu***) portée par ses descendants. L'histoire commence véritablement avec l'ancêtre fondateur du groupe mandingue appelé « Bemba ».

L'organisation sociale des orpailleurs reposait sur le critère de primogéniture, qui fixe les positions statutaires et les niveaux d'autorité, mais également les différences selon lesquelles se codifient les comportements et les conduites.

CHAPITRE III

L'ORGANISATION TRADITIONNELLE DES SITES D'ORPAILLAGE

L'organisation sociale est la base de toute société humaine organisée. Mais l'expression « société humaine organisée » est elle-même un pléonasme dans la mesure où l'anthropologie sociale, au départ, se base sur ce postulat que toute société humaine par définition est organisée, et se donne pour objectif scientifique d'étudier cette organisation. Chaque société, qu'il s'agisse de sociétés traditionnelles ou de la nôtre, se compose de diverses instances dont il s'agit de faire l'analyse : analyse de chacune de ces instances, mais aussi et surtout analyse des liens qu'elles entretiennent entre elles. Quelles sont, notamment, les règles de mariage et comment se constituent les familles ? Comment s'organise la vie économique, sociale, politique ? Toutes ces questions sont liées et leur étude nous permet de mieux comprendre les pratiques qui y sont développées, notamment l'orpaillage.

Tous les ans, au mois de décembre, dans chaque village, les chefs de famille se réunissaient et faisaient le recensement de toute la population afin de collecter la somme globale de l'impôt à payer pour l'année.

Pour une famille de douze personnes, hommes et femmes, payant l'impôt, on désignait quatre hommes et trois femmes pour partir à la mine ; un à la disposition du cercle pour les prestations. « Il peut arriver de passer dans des villages et de ne rencontrer que des vieillards ou des enfants en bas âge, tous les gens valides étant à la mine ou aux prestations », raconte un ancien orpailleur.

Sur plusieurs des sites (Laminia, Mamakono, Tomboronkoto, Khossanto, etc.), les orpailleurs, après avoir formé un conseil de notables, choisissaient l'homme qui paraissait le plus sérieux et le mieux qualifié, pour jouer le rôle de chef de mine. Ce dernier, une fois choisi, devait faire des recherches en prospectant la surface du sol à la recherche de quartz. Il prenait les morceaux qui lui paraissaient les plus intéressants, les rapportait au village, où un deuxième conseil de notables devrait se réunir pour former la somme nécessaire à remettre au grand marabout du village (sur certains sites de notre étude, d'aucuns parlent de ***Dialan***).

Le marabout, après avoir questionné le futur chef de mine, examinait le quartz et formulait maintes prières ; il désignait alors les différents emplacements des puits. Cette première consultation coûtait 600 francs à l'époque.

De retour au village, le chef de mine devrait rendre compte de sa mission. Six hommes lui seront attribués pour foncer les puits ; s'ils ont la chance de trouver de l'or, ils rendront compte au chef de village qui les autorisera à son tour à ouvrir la mine.

Dans le cas contraire, les premières recherches n'ayant rien donné, le *Dialan* sera consulté de nouveau. Il désignera un deuxième emplacement qui, cette fois-ci, donnera presque toujours des résultats. Il demandera si à proximité d'un cours d'eau ou *faro* il y a des arbres ***sounsoun***, ***niama***, ***sâo***.

Dans l'affirmative il leur faisait creuser une ligne de puits rapprochés de deux mètres, perpendiculaires à une ligne formée par des ***sounsoun*** « **arbres à or** »[24] ; par cette méthode, les orpailleurs étaient assurés de couper une ancienne vallée plus on moins aurifère : le ***sounsoun*** ne pousse qu'à ces emplacements.

[24] Il faut entendre par là des arbres utilisés comme indices par les chercheurs d'or. Ce sont les *sounsoun*, le *sâo*, le *niama*, le *bouré*, le *coungouroun*.
sounsoun : il indique l'emplacement d'un ancien cours d'eau ; il a des racines très profondes qui prennent vie dans ce cours d'eau. Les indigènes prétendent que la profondeur du cours correspond à la hauteur de l'arbre. L'écorce de cet arbre est noire, légèrement striée de gris et de blanc.
Le sâo : il est très connu dans ces zones : il indique qu'il y a de l'or, mais en petite quantité ; l'écorce est blanche.
Le niama : c'est un arbuste qui pousse au bord des flats, les populations disent que là où pousse le *niama*, il y a de l'or. Les chefs de mine prétendent que ces trois arbres sont pour eux la base de toutes leurs prospections. Ils ne peuvent se développer que dans des sols aurifères. Par contre, ils évitent les endroits où poussent le *bouré* et le *coungouroun*.
Le bouré : c'est un arbuste à plusieurs ramifications, sa hauteur est de 2 mètres environ ; il porte un fruit qui a la forme d'un cornichon, qui est très comestible. Là où il y a des bourés, inutile de chercher de l'or.
Le coungouroun : c'est un arbre moyen de 4 à 6 mètres de hauteur, avec trois ou quatre branches qui suivent le prolongement du tronc. La feuille de *coungouroun* ressemble à la feuille du goyavier.
Là où pousse le *coungouroun*, il ne peut pas y avoir de métal précieux (l'or).

Aucun droit ne pouvant, de par la coutume, être perçu sur les orpailleurs par les chefs des villages, dont le territoire porte la mine, ni par les chefs de mines eux-mêmes, c'est par le détour d'une contribution générale à des sacrifices rituels que les chefs arrivèrent à ramener une partie de l'or récolté.

Sur les mines, il y avait deux sortes de sacrifices : le sacrifice individuel et le sacrifice général.

Quand le chef de mine travaillait avec des hommes de sa famille, les sacrifices n'étaient pas pratiqués. Le seul bénéfice, qu'il retirait, consistait en quelques touques de terre aurifère prélevées sur chaque puits.

En général, cela ne durait que deux mois : janvier et février.

Pour extraire l'or des mines, ils creusaient des puits, dont les profondeurs ne dépassaient pas « quatorze pieds ». Quelques hommes y descendaient, enlevaient la terre, dont ils remplissaient des calebasses, qu'ils faisaient passer aux femmes habituées à laver le sable aurifère, afin de séparer l'or de la terre. Comme ces puits étaient creusés sans aucune précaution, il arrivait souvent que la terre s'éboule et ensevelisse les orpailleurs. Les puits ayant si peu de profondeur, il ne serait pas difficile de porter secours aux mineurs, mais la superstition s'y opposait. Les orpailleurs croyaient que le diable fabriquait l'or dans les entrailles de la Terre et qu'il aurait besoin de beaucoup d'ouvriers. Lorsqu'il en manquait pour hâter ses travaux, il fermait le puits et choisissait parmi les orpailleurs ceux qu'il jugeait victimes sacrificielles.

Aussitôt que la terre s'est éboulée, les ouvriers rescapés se retiraient pour annoncer au village le choix que venait d'opérer le diable (***jiné***). Leurs femmes et tous leurs parents préparaient immédiatement des bœufs et des moutons qu'ils immolaient aux esprits infernaux, afin d'obtenir pour ces malheureux orpailleurs les meilleures places dans l'autre monde.

Les orpailleurs mandingues, particulièrement les Diakhankés, considéraient donc l'or des alluvions du fleuve comme propriété des génies :

Ces derniers jetaient ou non quelques pincées d'or dans le fleuve uniquement selon leur bon vouloir. C'est pourquoi toute personne qui recueillait une pépite était tenue d'accomplir un rite propitiatoire en sacrifiant un animal, tel qu'on l'a vu plus haut, non seulement pour conjurer les esprits malfaisants, qui « dévoraient » les orpailleurs tombant dans les puits, mais aussi pour encourager les génies à en jeter davantage.

L'offrande était proportionnelle à la quantité d'or trouvée. Il pouvait s'agir d'un coq, d'une chèvre ou même d'un bœuf dans le cas d'un ***sanu biro*** « pierre d'or ». La réglementation coutumière interdisait l'exploitation de l'or le mardi et le vendredi, considérés comme des jours « **chauds** », pendant lesquels les génies détenteurs du métal précieux circulaient et veillaient sur leur bien. Mais les transgressions étaient nombreuses, notamment de la part des Peuls qui ne liaient pas cette ressource à un propriétaire mythique. Pour eux, il s'agissait plutôt d'un don divin, au même titre que les autres ressources de la nature.

L'argent provenant de la vente de l'or était considéré de peu de « valeur » par les orpailleurs : « [...] il s'en va comme le vent », atteste S. Keita, chef de village de Bantanko, et ancien orpailleur de 72 ans. Cet argent pouvait d'ailleurs être source de malheur compte tenu de son origine maléfique. Les revenus tirés de cette activité étaient souvent consacrés à des dépenses ostentatoires (achat de vélo, de poste radio, d'habits, etc.), mais rarement réinvestis dans le bétail ou le matériel de production agricole, qui manquait tant. Ce qui nous autorise à voir les rôles que les croyances ont pu jouer dans les activités d'orpaillage.

3.1. Rôle et fonction des mythes dans les activités d'orpaillage

De prime abord, nous pouvons noter que le mythe occupe une place importante dans le discours des orpailleurs, au sens générique du terme 'discours'. Lorsqu'il s'agit de rechercher les fondements d'une activité séculaire comme l'orpaillage, le discours utilisé par des orpailleurs pour justifier la pratique fait souvent allusion aux mythes.

Le mythe révèle l'ordre caché du monde depuis les origines de l'humanité. Les sociétés se sont structurées autour de croyances. Mais ces « *Quêtes de Sens* » ne furent pas rectilignes. Le mythe nous intéresse en ce qu'il fournit des modèles pour la conduite des orpailleurs. La connaissance de la structure, autrement dit, la fonction des mythes dans la société traditionnelle en question n'est pas seulement d'élucider une étape dans l'histoire de la pensée des orpailleurs, c'est aussi mieux saisir le sens et la portée de la pratique de l'orpaillage aujourd'hui. Dans la société traditionnelle mandingue en général, le mythe raconte une histoire sacrée ; il relate un événement ayant eu lieu dans le temps primordial, le temps fabuleux des

« commencements ». En d'autres termes, le mythe raconte comment, grâce aux exploits des êtres surnaturels, une réalité est venue à l'existence, que ce soit la réalité totale, le cosmos, ou seulement un fragment : une pratique, une richesse, un comportement humain, une institution. C'est donc toujours le récit d'une « création » : on rapporte comment quelque chose a été produit, a commencé à *être*. Les mythes dans les activités d'orpaillage révèlent donc leur activité créatrice et dévoilent la sacralité (ou simplement la « sur-naturalité ») de l'or. En somme, les mythes décrivent les diverses irruptions du sacré ou du surnaturel dans le domaine de l'or. C'est cette irruption du sacré dans l'or qui fonde la pratique de l'orpaillage, telle qu'elle est aujourd'hui. C'est surtout cet aspect mythique de l'orpaillage qu'il faut souligner : le mythe de l'or raconte l'activité créatrice des êtres divins ou surnaturels (Djinns producteurs d'or) dans l'exploitation de l'or et son utilisation. Chaque mythe raconte comment une réalité est venue à l'existence. Le mythe, *le Grand Parler,* pour reprendre l'expression de Pierre Clastres, dans *La société contre l'État*, « différent en cela des autres paroles humaines (des légendes, des contes, des fables), est une parole qui a son point d'ancrage dans le mystère que la pensée veut dire et énoncer : le mystère de la présence du divin dans le monde, de sa manifestation à l'expérience humaine et de la relation essentielle que l'homme entretient avec lui, puisque c'est à partir de là qu'il peut se comprendre pour ce qu'il est et reconnaître à sa vie une signification ».

3.1.1. Rôle et fonctions du mythe dans les activités d'orpaillage

Le mythe (aux sens général et particulier) est un récit, dont les éléments ne coïncident pas avec la réalité intégrale, mais qui reproduit, par la tradition orale ou écrite, une tentative d'explication d'une difficulté d'ordre moral ou métaphysique. Il comble une lacune dans l'explication que l'homme se donne des choses de la vie : il motive un mystère (Michel Butor), par exemple le mystère sur l'or et sa création. C'est parce que les orpailleurs ne comprenaient pas les origines du métal jaune qu'ils ont inventé une histoire destinée à satisfaire leur curiosité. Le déplacement de l'or à travers les montagnes est expliqué par le mouvement d'un esprit. Tout ce qui étonne la faible pensée des orpailleurs, tout ce qu'une science éternellement insuffisante ne peut justifier, trouve une solution, provisoire ou fictive, dans le récit du mythe. Ce dernier cache et révèle à la fois le message. Comme le rêve, il faut l'interpréter. D'où les différents niveaux auxquels il est nécessaire de définir les fonctions du mythe.

3.1.1.1. Fonction mystique

Le mythe permet de prendre conscience de la dimension mystique, voire secrète, cachée, *mystérieuse* de l'orpaillage, du mystère qui se trouve dans toutes les formes d'exploitation et de traitement de l'or. Devant la révélation de ce mystère, de la réalité au-delà du réel, révélation progressive au fur et à mesure que sont franchies les étapes du traitement du minerai considéré comme une propriété des Djinns. L'orpailleur éprouve de plus en plus le sentiment de sa participation à cet univers merveilleux. C'est pourquoi il accorde de l'importance au métal précieux (or) quant à son utilisation, mais également à l'argent provenant de sa vente. Voici ce que nous en dit un vieil orpailleur du village de Bantanko :

> L'argent de l'or est un argent qui n'a pas de baraka [...], si on l'utilise dans des choses sérieuses comme par exemple la dot, l'achat de marchandises ou même dans la construction de bâtiments, il peut s'envoler comme du papier [...]. L'argent de l'or nécessite des sacrifices avant toutes formes d'utilisation.

Nous voyons donc que les mythes contribuent à situer l'homme dans l'univers, et à légitimer la portée de la tradition.

3.1.1.2. Fonction sociologique

Le mythe tend à expliquer et à soutenir un certain ordre social. C'est la dimension culturelle des mythes, celle qui les fait souvent paraître différents les uns des autres. Car, bien que les mythes véhiculent toujours ce qu'on est convenu d'appeler la sagesse universelle, l'enseignement est souvent communiqué en fonction de valeurs culturelles particulières. Les sociétés anciennes, mandingues, ont connu des mythes fondateurs, nécessaires à la cohésion de la vie communautaire. De la mallette mystérieuse flottante et remplie d'or au génie de l'or qui se promène à pied chaque crépuscule au sommet des montagnes, il y a tout un sens à rechercher, et toute une structuration de l'espace des orpailleurs. Ce que le mythe énonce, c'est finalement la réalité telle que la société l'a construite et la renouvelle à travers l'acte rituel.

3.1.2. Analyse structurale des mythes

Le véritable changement dans l'étude du mythe vient avec l'analyse structurale dont Claude Lévi-Strauss[25] est l'initiateur en France. Pour Claude Lévi-Strauss : « Il s'agit de savoir ce qu'il faut chercher derrière le sens manifeste de ces histoires qui semblent gratuites et que l'on retrouve cependant d'un bout à l'autre de la planète et qui sont tellement prises au sérieux par les sociétés les plus diverses indépendamment de leur niveau culturel ». Il n'analyse pas le mythe dans son contexte culturel mais analyse le discours du mythe sur le modèle linguistique, dans sa structure, en montrant que les unités constitutives acquièrent une fonction signifiante, sous forme de combinaison de « paquets de relations ». Par fonction signifiante, Claude Lévi-Strauss n'entend pas ce que le mythe veut dire, sa portée philosophique ou existentielle, mais l'arrangement, la disposition des mythèmes, bref la structure du mythe. C'est pourquoi il pense que le mythe est partie intégrante du langage. Il relève du discours et on y a accès par la *parole,* pour reprendre Saussure *:* « La langue appartient au domaine d'un temps réversible, la parole à celui d'un temps irréversible ». Dans le cadre de notre recherche sur les orpailleurs, nous avons pu repérer dans le mythe fondateur de l'orpaillage ce même rapport au temps : le mythe se réfère toujours aux origines lointaines de l'or, à un temps premier. La valeur du mythe est précisément dans le fait que ces événements, qui se réfèrent au passé, forment aussi une structure permanente et c'est cette structure que Lévi-Strauss a tenté d'expliciter.

3.2. Le *Dialan* : une forme élémentaire de la vie religieuse des orpailleurs

Le terme « religion » (du latin *religio*, sens propre : '*soin*', '*scrupule*', sens dérivé : '*pratique culturelle*') recouvre plusieurs notions. Il désigne le rapport de l'homme au divin ou à une réalité transcendante, et un quelconque des systèmes doctrinaux communautaires composés de croyances ou dogmes et de pratiques rituelles et morales dans lesquels ce rapport tend à s'organiser. Le terme désigne par généralisation tout sentiment religieux ou toute croyance spirituelle, même peu organisée.

Notre principal souci est de comprendre ce que nous considérons, au regard de notre étude, comme la *pratique religieuse la plus primitive*

[25] LÉVI-STRAUSS (C.), *La pensée sauvage*, Paris, Plon, 1962.

chez les orpailleurs mandingues. Le *Dialan* n'est-il pas plus proche des débuts de l'histoire religieuse des anciens orpailleurs ? Il s'agirait d'une certaine manière d'observer un culte « archaïque », afin de comprendre la nature des religions dans leur ensemble, dans une perspective évolutionniste. En cherchant à la « source historique » de la religion, l'on se rendra compte qu'il y a un décalage entre des formes religieuses considérées, dans la pensée de l'époque, comme les plus basses et celles considérées comme les plus hautes. La religion, telle que la voit Durkheim, est un produit de la société. En considérant des religions si différentes au sein d'une même analyse, nous verrons qu'elles sont des expressions de la réalité. Il n'y a donc pas, au fond, de religions qui soient fausses, même s'il n'est pas impossible de les placer suivant un ordre hiérarchique. Dans *Les formes élémentaires de la vie religieuse*, É. Durkheim précise : « Toutes les fois qu'on entreprend d'expliquer une chose humaine prise à un moment déterminé du temps, il faut commencer par remonter jusqu'à sa forme primitive et la plus simple, chercher à rendre compte des caractères par lesquels elle se définit à cette période de son existence, puis faire voir comment elle s'est peu à peu développée et compliquée, comment elle est devenue ce qu'elle est au moment considéré ». Dans une approche systémique, il doit exister, au-delà des particularités, des éléments permanents qui se retrouvent dans toutes les religions (animisme, christianisme, islam, etc.). La « simplicité » des cultes « archaïques » des orpailleurs peut nous permettre de les dégager plus facilement. Dans les religions primitives des anciens orpailleurs, le fait religieux porte encore visible l'empreinte de ses origines. Ainsi, en s'engageant dans une explication des causes, dont dépendent les formes de la pensée et de la pratique religieuse (*Dialan*), nous faisons face aux principales catégories de la pensée. La religion, en tant que « *chose* » sociale, véhicule des représentations collectives et donc des réalités collectives, dont les *Dialan* seraient le reflet. L'orpailleur a alors deux dimensions. Il est à la fois un être individuel et un être social. En tant que tel, il a besoin des catégories, car elles sont des outils permettant à chaque orpailleur d'être dans la société.

Selon Durkheim :

> Une religion est un système solidaire de croyances et de pratiques relatives à des choses sacrées, c'est-à-dire séparées, interdites, croyances et pratiques qui unissent en une même communauté morale, appelée Église, tous ceux qui y adhèrent.

Il s'agit donc pour l'auteur de trouver la religion des origines, celle qui en son sein contiendrait les éléments généraux à toutes pensées religieuses. Le totémisme semble, aux yeux d'Émile Durkheim, le plus apte à remplir ces conditions. Il pourrait, mieux que l'animisme et le naturisme, qui en seraient issus, servir de base à la recherche du germe de la distinction entre sacré et profane. Durkheim s'appuiera donc sur les travaux des ethnographes pour chercher ce germe. C'est d'eux qu'il tirera toute l'autorité de l'idée que le totémisme est la première et la plus primitive des religions. C'est principalement le cas des sociétés claniques des orpailleurs mandingues. Le *Dialan* n'est pas seulement un nom, un emblème, ou un simple objet. En même temps qu'il est une étiquette collective, il présente un caractère religieux permettant une classification. Il éveille les sentiments religieux et permet une « taxinomie ». Le *Dialan* offre par ailleurs une conception de l'univers en ce qu'il permet aux clans des orpailleurs de s'affilier et de se différencier des autres clans. Ainsi, les genres qu'induit le *Dialan* seraient des cadres sociaux, donc un groupe classificatoire au sein duquel il existerait des règles et des liens du même type que ceux qui régissent la parenté. Les gens du clan et les choses qui y sont classées forment, par leur réunion, un système solidaire, dont toutes les parties sont liées et vibrent sympathiquement. Cette organisation qui, tout d'abord, pouvait nous paraître purement logique est, en même temps, morale. Les règles sont en conséquence déduites de ce caractère et conditionnent les orpailleurs d'un même clan à se comporter selon cette inférence. Mais plus que les simples règles, c'est l'univers entier qui est représenté au travers de la religion. Ce principe, qui règle les rapports de la collectivité, règle également d'autres rapports. Ainsi, l'orpailleur a une conduite réglée par son rapport au *Dialan*.

Toutefois, le respect des règles trouve son origine dans un principe commun à l'ensemble des orpailleurs. Ce principe repose sur l'idée de force, une force anonyme et impersonnelle qui se retrouve en chacun des orpailleurs sans se confondre avec eux. Il ne faudrait pas se méprendre ; cette force qu'évoque Émile Durkheim dépasse la simple métaphore. Loin d'y voir une seule image, cette force est bien réelle ; elle est morale. « Tous les êtres qui communient dans le même principe totémique se considèrent, par cela même, comme moralement liés les uns aux autres ; ils ont les uns envers les autres des devoirs définis d'assistance, de vendetta, etc. ». La force que souligne Durkheim serait à la base de la pensée religieuse. Ainsi, cette force est partout, dans les paroles, les gestes, les substances et les pratiques. Elle est créatrice de divin et contient en elle le principe même de l'efficacité, qu'elle soit rituelle, ou magique comme l'ont montré H. Hubert et M. Mauss[26] à travers la notion de « *mana* ». Cette force, pour Durkheim, c'est la société elle-même. Les relations entre société et divinité entraînent chez les orpailleurs la sensation d'une dépendance totale et perpétuelle. Elles seraient toutes deux des principes contraignants, exerçant leur autorité morale en utilisant les mêmes voies mentales que celles qui garantiraient, pour ceux qui y ont foi, un gain supplémentaire de force. L'orpailleur, dans la situation du sacré, obéit aux puissances 'extraordinaires', jusqu'à s'oublier dans une certaine frénésie. Jusqu'à Durkheim, on pensait que la nature de cette frénésie était en rapport étroit avec la nature de l'homme primitif, incapable, pensait-on, de soumettre ses pulsions au contrôle de sa raison. Durkheim montre au contraire que la frénésie collective est le résultat du passage du monde « *profane* au monde *sacré* »[27]. Étant entendu que le premier est celui des choses ordinaires et quotidiennes, le second, celui de l'ordre des puissances extraordinaires et extérieures, des forces mystérieuses. Elles sont représentées chez les orpailleurs par le *Dialan*, avec lequel ils entretiennent un rapport permanent.

3.3. Les méthodes et techniques d'exploitation coutumière de l'or

Traditionnellement, l'orpaillage se faisait dans trois catégories de mine :

1) mines de plateau ou mines d'hivernage (*fouca daman séméyafé*) ;

2) mines de flanc de coteau (*courouna naa carola daman*) ;

3) mines de flat (*fara daman*).

Mines de plateau ou mines d'hivernage

Elles sont exploitées de novembre à avril suivant les années, souvent de juillet à octobre ; et ce seulement quand il y a besoin d'un

---

[26] HUBERT et MAUSS, *Introduction à l'analyse de quelques phénomènes religieux*, Paris, Félix Alcan, 1909, p. 1-12.

[27] Chez Durkheim, l'opposition entre le sacré et le profane est universelle et constitutive de la pensée religieuse. Cette dichotomie a reçu des adhésions (Malinowski, Parsons, Mircea Éliade), mais elle a surtout été critiquée par Gustave Belot et Jack Goody pour deux raisons essentielles : d'une part, la notion de sacré n'est pas centrale pour une étude sociologique, d'autre part, un anthropologue comme Evans Pritchard a montré que la dichotomie n'avait pas ce caractère d'universalité que Durkheim lui conférait.

supplément d'argent. On peut y travailler toute l'année sans être gêné par l'eau. La profondeur des puits varie de 7 à 9 mètres, comprenant 6 ou 8 mètres de latérite très dure à couper. La couche aurifère varie de 1 mètre à 1,5 m ; elle se compose de 3/4 de gravillon de quartz et d'1/4 d'argile jaune. L'or extrait se divise en trois catégories : 7/10 de pépites de 5 à 110 grammes, ces pépites se décomposent à leur tour : 4/10, de 5 dg à 2 g, 2/10 de 3 à 10 g, 1/10 de 10 à 110 g. Le reste d'or est de 2/10 en granulation sous forme de pépite et 1/10 de poudre et paillettes. Ces constatations ont été faites sur les mines de Khossanto. De novembre à avril, il a été retiré dans 32 puits 11,6 kg de pépites de 100 grammes 3 dg et 110 grammes 8 dg.

Mines de flanc de coteau ou de saison sèche

Elles sont exploitées d'avril au 15 juillet. La profondeur des puits varie de 8 à 15 mètres. On y trouve l'or : 6/10 de granulation, 2/10 de paillettes, 2/10 en poudre. Elles sont peu larges : 30 mètres au maximum, avec des points de concentration au milieu, le plus profond. Ce qui démontre l'existence de cours de l'or. Elles serpentent en bordure des cours d'eau et coupent le cours d'eau en plusieurs endroits pour passer sur l'autre rive.

Les orpailleurs appellent ces cours de l'or : ***sanou sa*** « **serpent d'or** ».

Ces mines sont situées en bordure des flats supérieurs au pied des mines de plateau.

Mines de flat

Les puits y sont peu profonds : 3 à 5 mètres ; ils atteignent rarement le « bed rock » ; ils sont gênés par l'eau et par un dégagement de gaz irrespirable. L'or y est disséminé dans des couches successives d'argile et de gravillons latéritiques. Les orpailleurs lavent souvent la latérite tendre qui est légèrement aurifère : 5 dg à 2 g au m^3 ; l'or y est sous forme de petites paillettes et en poudre. Ces mines étaient peu exploitées : elles étaient réservées aux anciens orpailleurs.

3.4. Typologie des orpailleurs

La construction des catégorisations était perçue, par la plupart des orpailleurs, comme un effort d'abstraction autorisant des mises en ordre ou des comparaisons. En classant les orpailleurs en types, le colonisateur choisissait en même temps des critères.

Il y avait trois sortes d'orpailleurs à l'époque coloniale :

1) l'orpailleur proprement dit, qui fonce son puits et l'exploite méthodiquement ;

2) l'orpailleur tâcheron pour les galeries ;

3) l'orpailleur « resquilleur ».

3.4.1. Orpailleur proprement dit (orpailleur de famille)

Comme nous l'avons signalé plus haut, une famille pouvait par exemple désigner sept de ses membres pour aller travailler à la mine et rapporter l'argent de l'impôt.[28] L'aîné parmi les hommes était choisi comme le chef de mine, les trois autres aidaient à creuser et à retirer la terre ; ce sont eux qui fonçaient le puits qui avait souvent un diamètre de 65 à 70 centimètres ; les femmes lavaient la couche aurifère et le ***nara*** (« **bed rock** »), l'or retiré servait à payer les redevances.

3.4.2. Orpailleurs tâcherons

Il arrivait dans la campagne d'orpaillage qu'une famille soit désorganisée par une maladie ou autre cause, et ne soit plus assez nombreuse pour former une équipe. À ce moment, elle donne les galeries (***comougou***) à creuser aux mineurs tâcherons spécialisés dans ce genre de travail. Ces orpailleurs étaient payés en terre « moitié-moitié ».

Ces tâcherons disposaient les galeries et laissaient un pilier de 1 m^3 environ tous les 3 mètres, qui soutenait la voûte ; il arrivait souvent en revenant qu'ils dépilent légèrement ces piliers, mais sans trop s'y hasarder, car étant très prudents.

3.4.3. Orpailleurs « resquilleurs »

C'est dans cette catégorie d'orpailleurs qu'une réglementation très sévère s'imposait.

On observait sur toutes les mines une catégorie de mineurs qui aimaient le travail quand il était tout préparé. Cette catégorie d'orpailleurs était facilement reconnaissable par les populations : ces orpailleurs se déplaçaient généralement en bicyclette et portaient un pic (***soli***), qui les différenciaient des autres orpailleurs ; ce pic était à la limite hors du commun, avec un manche de 0, 6 m de long, et le fer qui l'accompagne, plus long et plus large que l'outil courant.

---

[28] Il est important de signaler que l'orpaillage était à l'époque coloniale, une source de collecte d'impôt pour les habitants de ces localités.

Ils étaient antipathiques aux autres mineurs autochtones, qui les traitaient de fainéants. Leur travail consistait à enlever les piliers dans les galeries, après que les orpailleurs de famille ont abandonné un puits pour une nouvelle ligne. À ce propos, le témoignage de Tambo Damba, originaire du village de Mamakono, est éloquent :

> [...] je me souviens toujours de la mort de plus d'une vingtaine (d'orpailleurs fainéants), ici à Mamakono [...] ; une première fois 6, une deuxième fois 5, une troisième fois 9. Je ne parle pas de tous ceux qui y restent après des heures de travail. La seule preuve qui indiquait qu'ils n'étaient plus en vie, était le nombre d'effets que l'on pouvait retrouver à proximité des puits, sans propriétaires. Il était impossible de connaître leurs noms et leur origine, car ils étaient des étrangers dans la région.

3.5. Organisation du travail dans les *dioura*

Les mineurs arrivaient sur place à 7 heures et travaillaient jusqu'à 16 heures du soir ; ils ne faisaient pas plus de 9 heures.

Les femmes, quant à elles, arrivaient à 10 heures en apportant le repas de midi, et se mettaient à laver les terres aurifères jusqu'à 16 heures, exception faite pour les gîtes de plateau où, dès que le « bed rock » (*nara*) est sorti, il est transporté dans la case pour être lavé dans la grande discrétion, sans témoins à cause des nombreuses pépites découvertes.

À proximité des mines, au mois d'avril, les cours d'eau étaient secs. À ce moment, les femmes faisaient creuser des puits en bordure du « talweg » jusqu'à la nappe. À côté de ces puits, elles creusaient un trou de 1 m ou 1,5 m, le remplissaient d'eau, et c'est dans cette fouille que l'on appelle « ***dougou so*** » qu'elles lavaient la terre aurifère.

Ces terres étaient en général très argileuses et si elles étaient lavées aussitôt retirées des puits, le débourbage demeurait trop long. Aussi ne sont-elles lavées que 15 jours plus tard après avoir été séchées et broyées avec un morceau de bois semblable à un fléau. Une femme bien entraînée avec une grande batée ne pouvait pas laver plus d'un tiers de m^3 en 5 heures de travail. Elles perdaient une quantité appréciable d'or qui pouvait facilement atteindre 3 à 5 décigrammes.

L'avancement normal d'un puits était de 3 mètres par jour dans des terrains argileux et sableux, 2 mètres pour des terrains couche de latérite demi dure, 0,75 m pour les puits de plateau à latérite très dure (trois à quatre hommes étaient nécessaires pour ce travail ; ils se relayaient toutes les deux heures environ).

Dans ce travail, les orpailleurs ont des signes conventionnels. Le mineur au fond du puits ne parle pas. Lorsqu'il demande de lui envoyer la calebasse pour remonter la terre, il pousse un son de gorge avec la bouche fermée, « ouhou, ouhou ! ». Quand la calebasse est prête à remonter avec le ***féké***, il tape deux fois sur la calebasse. Les stériles sont mis en tas entre les deux lignes de puits ; et la couche aurifère entassée devant le puits encadré avec des morceaux de bois. Dans les galeries qui ne dépassaient que rarement 5 à 6 mètres de long sur 3 mètres de large, le travail est effectué par deux hommes : un, qui pioche, et un autre, qui charge la terre.

3.6. De la nature des sacrifices dans les activités d'orpaillage

Dans la conscience collective des orpailleurs, l'or se métamorphose en personne physique et se promène la nuit jusqu'au sommet des montagnes. Dans ce *Volskgeist* « croyance populaire », pour reprendre l'expression de Hegel, seuls les détenteurs de *Dialan* sont en mesure de le poursuivre et de l'abattre en cours de route. Le lieu du « crime » constitue généralement un nouveau site riche en pépites. Avant d'exploiter ce nouveau site, les orpailleurs doivent impérativement procéder à un sacrifice général.

Le sacrifice est défini selon Hubert et Mauss comme étant un « acte religieux qui, par consécration d'une victime, modifie l'état de la personne morale qui l'accomplit ou de certains objets auxquels elle s'intéresse ».

D'un point de vue sociologique, le sacrifice peut se comprendre comme un échange entre les hommes qui le pratiquent et les puissances divines qui le reçoivent. Dans les sociétés traditionnelles, non monétaires, tout commerce suppose un échange, dons contre dons, à proportion de la situation et de la qualité des personnes engagées dans l'échange (je donne pour que tu donnes), selon la formule latine bien connue. Le don n'est jamais gratuit, mais s'effectue selon des codes sociaux précis et réglés par la tradition.

Il en va de même dans l'échange entre hommes et puissances divines. De même que les langues anciennes n'ont pas de mot pour désigner la « religion » en soi, comme une activité et surtout une idéologie, séparée du reste des activités humaines, le sacrifice, ou ce que nous nommons comme tel, est d'abord à comprendre dans le cadre plus large des règles de l'échange et du fonctionnement des relations sociales. Les esprits étant les plus puissants des êtres, la communication et l'échange avec eux sont régis par des règles certes spéciales, mais qui doivent s'entendre dans un cadre plus large donc. Plus une personne est puissante et « haut-placée », plus elle est censée répondre au don par un contre-don encore plus prestigieux et de plus haute valeur. On offre aux esprits le meilleur, parce qu'on attend en retour des dons inestimables, beaucoup d'or, la pluie, de bonnes récoltes, la victoire, la paix, la prospérité, la santé. En latin, sacrifier veut dire faire passer dans le monde du sacré un objet profane, généralement par une forme de destruction. Le sacrifice étant un échange, il est un partage. Une de ses formes est donc le repas sacrificiel où la victime est « sacrifiée » puis consommée de concert entre hommes et dieux, chaque partie recevant sa part, différence qui marque la séparation entre le Ciel et la Terre mais aussi leur communion. Le sacrifice doit alors s'entendre comme une frontière, mais une frontière où l'on se rencontre et où l'on échange, aux dons des hommes devant répondre aux dons des dieux, des esprits. Selon René Girard (*Quand les choses commenceront. Entretiens avec Michel Treguer*, Paris, Arlea, 1996),

> toute culture locale est une clique issue du meurtre fondateur dans un système d'envie et de jalousie. Le jeu de langage central d'une telle société est, à chaque fois, l'accusation collective et univoque et la condamnation d'une victime sacrificielle qui doit assumer tout le mal et la négation aussi monotone que conséquente de sa propre responsabilité à l'égard des évolutions en cascade qui ont motivé l'éclosion de la violence. N'appartient à une culture dans ce sens du terme que celui qui participe réellement ou symboliquement au sacrifice du bouc émissaire (l'orpailleur qui tombe dans un puits y est immédiatement enseveli dans le but d'avoir beaucoup plus d'or dans les placers).

Dans le cadre de notre étude sur les orpailleurs, nous avons observé deux types de sacrifices, pratiqués selon une tradition magico-fétichiste pour une saison d'orpaillage meilleure.

3.6.1. Le sacrifice individuel

Il est demandé par un mineur malchanceux qui a creusé plusieurs puits sans résultat. Le chef de mine réunit le « marabout » ou le féticheur, le griot, le chef de village et le forgeron de la mine. Après avoir fait les prières rituelles, on fait changer au mineur de place. L'emplacement qui lui est désigné est une nouvelle ligne dans le prolongement des parties riches. On le met en demeure de creuser cinq puits : un pour le représentant de son culte, un pour le chef de mine, un pour le chef de village, un pour le griot, un pour lui-même.

Lorsque les cinq puits sont creusés, la terre aurifère retirée est mise en tas à l'occasion d'une nouvelle réunion des quatre notables de la mine. Le mineur apporte un coq égorgé ; le sang est répandu sur le tas de terre et sur les cinq puits, de nouvelles prières sont dites.

Le chef de mine appelle une femme et fait laver une batée du tas de terre ; il y a toujours de l'or. À ce moment, le griot chante les louanges de la mine et la réussite du sacrifice.

Le forgeron prend dix touques de terres ; il a la priorité, car c'est lui qui forge l'outil qui doit écarter le diable (***njiné*** en diakhanké). Le reste de terre est réparti entre les trois autres notables.

3.6.2. Le sacrifice général

Il s'étend à toute la mine.

Le chef de mine, en accord avec les notables, décide de faire un grand sacrifice pour les raisons suivantes : découverte d'un nouveau site, un chien a été aperçu sur la mine, un homme s'y est promené un lundi ou un homme a sifflé durant le travail. Pour écarter le diable, le sacrifice est nécessaire. Il demande une somme symbolique par puits, suivant l'importance de la mine, l'animal choisi est un mouton ou plusieurs taureaux. Ces animaux sont sacrifiés au milieu du placer et le sang répandu sur les puits. Tout le reste de la journée se termine en fête. Le reliquat de l'argent recueilli est partagé entre les notables, mais le chef de mine garde la plus grosse part invoquant la part qu'il doit remettre au « marabout-féticheur ».

Le serment de la cola est mis en pratique lorsque le chef de mine s'aperçoit que des manœuvres plus ou moins régulières sont faites par des chefs de mine environnants pour ramener à eux le plus d'hommes possible. Il réunit les notables, achète une charge de cola, qui est disposée au milieu du placer. À 10 heures, au moment du petit-déjeuner, les mineurs qui veulent rester travailler doivent venir jurer en tendant la main sur le tas de cola. Ceux qui refusent sont chassés immédiatement du placer en abandonnant leur tas de terre, qui sera réparti entre les mineurs, qui resteront.

Conclusion partielle

Dans cette première partie de l'ouvrage, nous avons essayé d'expliciter la pratique de l'orpaillage depuis l'époque précoloniale et coloniale, en faisant un état des lieux des grands foyers aurifères de la Falémé et du Bambouck.

L'objectif n'est pas de faire de la *sociologie historique*, à l'instar d'Albert Soboul[29], mais simplement de faciliter la compréhension de la communauté historique des orpailleurs traditionnels, en essayant de lever un coin du voile sur l'or et l'orpaillage. C'est donc souligner que l'histoire et la sociologie sont néanmoins dans un rapport de proximité qui tient à la nature de leur objet. Si l'espace est une matière pour la socio-anthropologie, c'est un espace historique, et si le temps est la matière première de l'histoire, c'est un temps localisé et en ce sens socio-anthropologique.

Nous pouvons remarquer que l'or était le « *primum mobile* » de la colonisation sur les côtes du Sénégal oriental, notamment sur le haut fleuve. L'importance de l'or dans les transactions a favorisé une dynamique chez les populations diakhankés (ethnie du rameau mandingue) de notre zone d'étude, en créant des liens séculaires avec le métal précieux, et en favorisant une organisation coutumière des sites d'orpaillage.

Toutefois, ce qui était valable pour Bronislaw Malinowski avec ses *Argonautes du Pacifique Occidental*[30] semble particulièrement

---

[29] On peut aujourd'hui, comme l'a récemment fait l'historien américain Steven Kaplan dans son ouvrage *La fin des corporations* (2001, p. 572-582), critiquer les postulats historiographiques et se moquer de la sociologie « brouillonne » d'Albert Soboul, mais, pour Claude Mazauric, il y a autant d'hommages que de critiques de l'œuvre de Soboul dans le livre de Kaplan (p. 123-124).
MAZAURIC (C.), *Un historien en son temps, Albert Soboul (1914-1982). Essai de biographie intellectuelle et morale*, Nérac, Éditions d'Albert, 2004, 251 p.

[30] MALINOWSKI (B.), *Les Argonautes du Pacifique Occidental*, Paris, Gallimard, 1963 (trad. fr. de *Argonauts of the Western Pacific*, London, Routledge et Kegan Paul, 1922), p. 63-64. Cette méthode d'observation participante est définie par Malinowski en opposition à la méthode d'enquête ethnographique pratiquée jusque-là, qui consistait à rester à l'extérieur du village et à y chercher des informateurs capables de répondre à des questionnaires déjà tout prêts : « Là réside toute la différence entre des apparitions de temps à autre au milieu des indigènes et un contact réel avec eux ». Qu'entendre par ce dernier terme ? « Pour l'ethnographe, cela signifie que sa vie au village, qui est d'abord une aventure étrange, quelquefois désagréable, quelquefois terriblement passionnante, suit bientôt son cours normal en parfait accord avec le voisinage. »

s'imposer à notre recherche sur les orpailleurs, lorsqu'il s'agit de rendre compte de conduites apparemment incohérentes ou irrationnelles à première vue.

Cette partie est en conséquence l'aboutissement logique de ce qu'est devenu l'orpaillage aujourd'hui, car les transformations structurelles de l'orpaillage ne surgissent pas *ex nihilo*. Nous aborderons en effet les pratiques et organisations actuelles des orpailleurs, en essayant de montrer, par une démarche exploratoire, la situation socioéconomique et les enjeux nouveaux de l'activité d'orpaillage aujourd'hui.

(*Ibid.*) Il s'agit véritablement de convertir l'étrangeté en familiarité au terme d'un apprentissage des règles de la société indigène.

Deuxième partie

L'orpaillage aujourd'hui : entre tradition et changements

Chapitre IV

Organisation et pratique de l'orpaillage aujourd'hui

L'orpaillage est la deuxième occupation des populations dans la zone rurale de Kédougou après l'agriculture. C'est une activité séculaire pratiquée par les populations de cette région.

Activité traditionnelle, elle est bien ancrée dans les mœurs, les pratiques, les modes de vie et dans la conscience collective des habitants des différents sites de notre étude. Du reste, les orpailleurs de cette zone gardent jalousement en mémoire la légende de Soundjata. C'est un mythe fondateur et fédérateur de l'unité de l'ensemble des sous-groupes ethniques du grand groupe mandé.

Dans la zone, l'extraction traditionnelle de l'or (orpaillage) occupe une majorité de personnes autour des placers pendant la saison sèche, qui est la morte-saison agricole. Aujourd'hui, certains orpailleurs continuent l'activité d'orpaillage selon la pluviométrie de la zone. Si les pluies ne sont pas abondantes, certains d'entre eux continuent de fréquenter les placers, et ce en violation des règles établies par la communauté.

En effet, comme le souligne J. P. Charbonnel, les « Malinké et Ouassoulonké des districts du Bambouck et de Bouré pratiquent l'orpaillage toute l'année »[31]. L'orpaillage, surtout celui de type alluvionnaire, se pratique généralement le long des cours d'eau.

Vu de l'extérieur, l'orpaillage apparaît comme une activité inorganisée voire anarchique. Cela n'est qu'une apparence, car l'orpaillage épouse de très près les formes organisationnelles des structures communautaires et familiales. L'activité artisanale repose sur un ensemble de prescriptions coutumières acceptées de tous. Ces prescriptions verbales constituent des systèmes d'organisation cohérents et originaux.

Leur originalité reste profondément marquée par l'esprit communautaire (communalisation), élément indispensable à la règle coutumière comme source de droit. Les sites ont leurs règles que tout orpailleur

[31] CHARBONNEL (J. P.), *Les bases coutumières et contemporaines d'invention et d'exploration artisanale des mines*, 1996, p. 130.

accepte d'avance en venant s'y installer. L'accès aux sites est accordé à tous à condition de se soumettre aux règles en vigueur. Les considérations et règles relatives à la situation de caste[32] sont une réalité ; et la violation de ces règles est soumise à des sanctions sévères.

C'est pourquoi dans la plupart des sites, nous rencontrons des populations étrangères, qui proviennent de la sous-région, mais aussi des villages environnants peuls, à la quête du métal précieux.

Caractérisé par des pratiques coutumières, l'orpaillage est d'une rigueur, qui frappe impitoyablement tous les délits commis sur les sites. À titre d'exemples, on citera les interdits suivants :

- les rapports sexuels sur les sites ;
- les vols ;
- l'accès des cordonniers aux sites ;
- l'introduction du chien dans les sites en activités ;
- le travail sur les sites les lundis ;
- la présence des forgerons dans le placer (*dioura*).

Ces interdits ont une symbolique ancrée dans la conscience collective des populations. Les catégories du *pur* et de l'*impur* telles que définies par Douglas dans *De la souillure*[33] sont perceptibles dans

---

[32] Selon Célestin Bougle, le système des castes divise l'ensemble de la société en un grand nombre de groupes héréditaires distingués et reliés par trois caractères : séparation en matière de mariage et de contact direct ou indirect (nourriture), division du travail, chacun de ces groupes ayant une profession traditionnelle ou théorique, dont les membres ne peuvent s'écarter que dans certaines limites.
BOUGLE (C.), *Essais sur le Régime des castes,* (1908), p. 4.
Frederik Barth a écrit de façon semblable que si l'on veut que la notion de caste soit utile à l'analyse sociologique, il faut que sa définition soit fondée sur des critères structuraux, et non sur des traits particuliers ; ce qui amène Leach à se demander s'il vaut mieux considérer la caste comme un phénomène culturel ou structural.
Cf. également les travaux de LEACH (E. R.), *Aspects of Caste in South India*, Cambridge, 1961.

[33] DOUGLAS (M.), *De la souillure : Essai sur les notions de pollution et de tabou*, Paris, La Découverte, 1992.
Mary Douglas s'intéresse à la signification des rites de pureté, et, par là, critique la séparation entre 'primitif' et 'nous'. D'un point de vue méthodologique, il s'agit d'une relecture de travaux anthropologiques sur les rites, à la lumière des travaux de terrain sur les 'Lele' du Kasai au Congo.
Douglas appartient à la tradition fonctionnaliste de l'anthropologie britannique, et plus particulièrement à la génération ayant cherché à intégrer le conflit, les transformations sociales dans le paradigme fonctionnaliste (GLuckman, V.

les placers. Les rites de pureté occupent une place importante dans l'organisation et la pratique de l'orpaillage aujourd'hui. C'est comme si les croyances et les représentations n'ont pas suivi l'évolution plus ou moins technique de l'orpaillage.

4.1. Les méthodes et techniques d'orpaillage

Avant de décrire les techniques d'exploitation artisanale de l'or, il nous semble important de présenter assez brièvement les types d'exploitation en vigueur sur les sites : l'exploitation de type alluvionnaire et l'exploitation de type filonien.

Pour chaque type d'exploitation, correspond un matériau adapté.

4.1.1. L'exploitation de type alluvionnaire

Ce type d'exploitation est très courant sur les sites de Laminia, Mamakono, Tomboronkoto, Mako. Il consiste à traiter les débris de roches transportés par un cours d'eau et déposés dans des régions plus basses qu'ils fertilisent. Avec ces débris, les femmes font des monticules de terre aurifère, qu'elles tamisent, afin de séparer les pépites du sable des débris.

Elles en font de même avec les éluvions qui sont la conséquence de l'altération de la roche-mère. Cette tâche est généralement confiée aux femmes et aux fillettes de 10 à 14 ans. C'est un travail de longue haleine qui nécessite beaucoup de vigilance et de patience.

4.1.2. L'exploitation de type filonien

Contrairement à l'exploitation de type alluvionnaire, plus libre, car ne procédant d'aucune forme particulière d'organisation, l'exploitation de type filonien est mieux coordonnée, et obéit à une réglementation.

Il consiste à délimiter une surface sur le site, et à creuser un trou-mine à dimensions variables, afin de trouver la « roche », et de procéder

---

Turner en ce qui concerne les rites et le symbolisme). Elle s'appuie notamment sur les travaux d'Evans Pritchard sur les Nuers et les Azandes au Soudan. Elle donne une place centrale à la notion de *pattern* que l'on peut approximativement définir comme modèle, schéma de pensée, de représentation ou d'action spécifique à une culture.
Nous pouvons noter, à l'instar de Boudon, que le contenu des valeurs (pur et impur) est supposé sans importance propre : il relèverait de 'l'arbitraire culturel'. Pourquoi les orpailleurs d'aujourd'hui endossent-ils les croyances que tel comportement sur un site d'orpaillage est pur et que tel autre est impur ? Est-ce que c'est parce que ces croyances leur ont été inculquées ?

à son exploitation. C'est un travail fastidieux qui nécessite beaucoup d'efforts physiques et surtout musculaires. C'est pourquoi on ne rencontre pas de femme dans ce type d'exploitation. Les sites de Tenkoto, Khossanto, Bantako, Sabodala, etc., sont des sites de référence pour ce type d'exploitation.

Les orpailleurs ne respectent point la législation limitant la profondeur d'un puits à 10-15 m. La roche ne pouvant pas être localisée de manière aléatoire, certains orpailleurs suivent son chemin et peuvent atteindre 30 m de profondeur avant de poursuivre le creusement latéral.

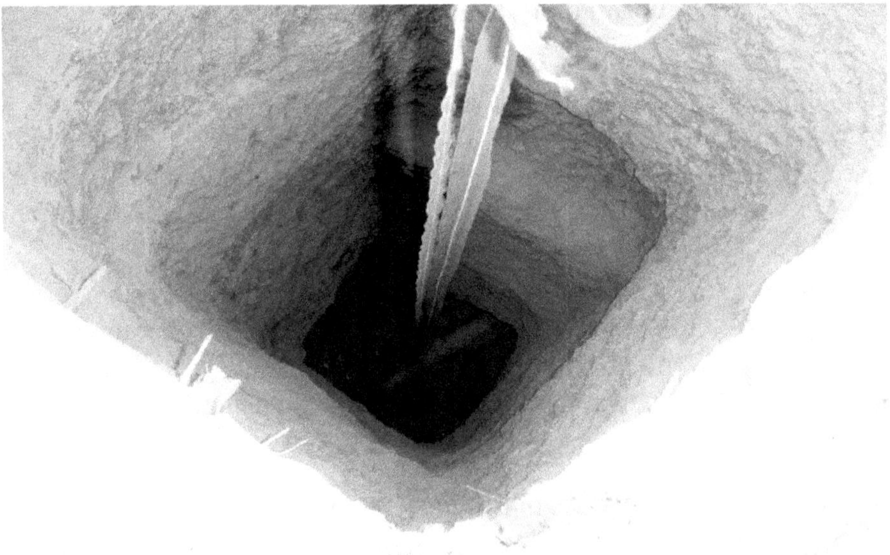

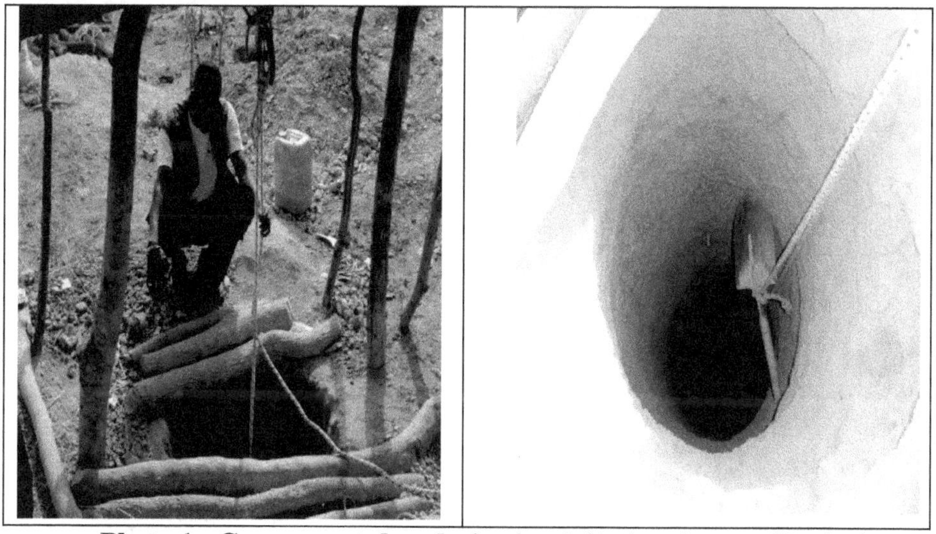

Photo 1 : Creusement de galeries (exploitation de type filonien)

4.2. Les instruments utilisés dans l'orpaillage

Parmi les outils les plus utilisés, nous avons :

- le ***soli* :** c'est une sorte de brin à manche court pour creuser les tranchées (galeries) souterraines ;

- un petit **seau** ou une petite calebasse attaché (e) à une corde pour puiser dans la couche aurifère ;

- des **bassines** en plastique pour le lavage du sable aurifère ;

- la **torche** pour l'éclairage de la galerie ;

- le ***bérétafé*** : un morceau de calebasse pour ramasser la couche aurifère ;

- le **bouloudiakho** : morceau de calebasse plus grand que le ***bérétafé*** pour prendre la couche aurifère et la mettre dans le seau chargé de l'amener à l'extérieur du trou ;

- le ***sarilan*** **:** petit ustensile où l'on met les particules d'or ;

- le ***fanfo*** : cuiller pour chauffer l'or en vue de faire évaporer la petite quantité d'eau et pour enlever les impuretés (*mirio*) ;

Photo 2 : Jeune orpailleuse montrant son *sarilan*

Photo 3 : Principaux instruments utilisés dans l'orpaillage

4.3. Les problèmes liés à l'extraction et au traitement de l'or

L'orpaillage se caractérise encore aujourd'hui par des méthodes d'extraction et de traitement rudimentaires et des outils très simples tels que pelles, pics, pioches, seaux, calebasses, pièces métalliques diverses, etc.

Cet équipement de fortune traduit parfaitement la faiblesse des moyens matériels. À l'exception de la motopompe de plus en plus prisée pour le dénoyage des puits, les postes mécanisés restent très limités, rares concasseurs, broyeurs, fabriqués localement. L'intervention d'engins lourds pour le décapage du stérile est très exceptionnelle. À part la zone semi-industrielle de Sabodala, où il y a les usines et du matériel adapté, aucun site n'est exploité de façon rationnelle. La précarité des moyens et les carences techniques conduisent fréquemment à un dramatique écrémage des gisements et donc à un fort manque à gagner pour l'orpailleur.

Le constat est que la production artisanale sur les sites visités ne concerne pratiquement jamais plus de la moitié des réserves potentielles.

Les pertes se cumulent progressivement étape après étape pour devenir considérables. Le problème de l'eau est une réalité sur les sites et réduit considérablement la productivité.

D'après les données issues de nos entretiens approfondis avec les personnes-ressources, les pertes atteignent probablement 75% du stock métal pour un gisement alluvionnaire et 90% pour un gisement de type filonien.

Si l'introduction progressive d'un minimum de technologie apparaît incontournable pour améliorer la production, il est clair qu'une mécanisation « sauvage » et non raisonnée comme celle qui prévaut aujourd'hui sur certains sites n'est pas bénéfique pour les populations, pour au moins trois raisons principales :

- **des raisons organisationnelles** : il n'y a pas de plans de production et par conséquent, le matériel mis à la disposition des artisans n'est souvent pas adapté aux rendements exigés. L'utilisation de ce matériel est souvent trop individualiste, peu rationnelle et rarement optimisée ;

- **des raisons économiques** : avec la faiblesse de sa recette journalière, l'orpailleur n'a évidemment pas de moyens d'investir dans « l'équipement lourd ». Il doit pour cela s'adresser aux collecteurs ou commerçants, qui se font très grassement payer le service (fréquemment entre 30 à 50% du total de la production pour la mise à disposition d'une motopompe).

L'expérience sur certains sites de Sabodala a permis de montrer qu'avec le système de location d'équipements, l'utilisation d'une pompe ou d'un compresseur entraînait une perte de revenus de 30 à 40% pour l'orpailleur.

Les carences techniques sont dues à la fois à l'absence de moyens, au manque d'ouverture culturelle et à la forte incapacité à surmonter les problèmes et à innover pour aller vers plus de productivité, de rentabilité et surtout de sécurité.

Les problèmes les plus cruciaux sont dus au fait que les travaux préliminaires de prospection sont rares, voire inexistants.

Ils se résument dans la plupart des cas à quelques tests de lavage des graviers récoltés dans les rivières. À l'exception de quelques filons repérés au hasard d'un affleurement, ce sont en général les puits d'exploitation, qui permettent par empirisme la localisation de nouvelles zones riches.

Cela entraîne deux types de conséquence :

- les orpailleurs exploitent un site sans le connaître et ne peuvent en effet jamais passer par une démarche d'investissement,

- les découvertes sont alors peu nombreuses et les orpailleurs reviennent régulièrement sur les mêmes sites qui s'appauvrissent et s'approfondissent ;

- des raisons sociologiques : la mécanisation de l'orpaillage crée un délitement du lien social et enferme l'orpailleur dans un univers individualiste. L'orpaillage traditionnel a toujours été un facteur de socialisation et de cohésion sociale pour les communautés entretenant un lien naturel avec l'or. L'introduction de nouvelles technologies crée des changements dans l'organisation et la division sociale du travail.

Certains conflits entre orpailleurs sont consécutifs à la logique de concurrence qui prévaut sur les sites, où cohabitent des orpailleurs d'horizons divers.

Sur le nouveau site de Diyabougou, une vive altercation a opposé Maliens et Burkinabé et s'est soldée par la mort de neuf (9) orpailleurs dont 7 Burkinabé.

Ces derniers sont réputés très doués dans l'exploitation semi-industrielle avec l'introduction des machines dans les sites d'orpaillage.

4.4. Organisation du travail sur les sites d'orpaillage

Si dans ses débuts l'exploitation aurifère des sites se faisait à ciel ouvert, de nos jours, il faut aller chercher l'or entre 15 à 30 mètres en sous-sol. C'est l'exploitation des tranchées. Au fil du temps, les tranchées sont presque toutes devenues des puits ou des galeries n'ayant généralement qu'une petite ouverture. L'ouverture de chaque puits sert à la fois à la descente et à l'aération.

Dans les puits, les travailleurs doivent normalement être au nombre de 5 à 10 personnes, bien que les conditions d'aération y soient déplorables. Mais ce nombre n'est jamais respecté par les orpailleurs qui, encouragés par les détenteurs de parcelles, se retrouvent dans les puits à plus de 20 personnes.

Pourtant, l'espace dans les puits et très exigu est sans lumière et sans aération suffisante. Le travail exige de la part des orpailleurs non seulement d'énormes forces pour exploiter les filons, mais également de l'endurance physique, en raison de la précarité des conditions de travail.

4.4.1. Organisation technique et fonctionnelle des sites

La production d'or passe par plusieurs étapes.

4.4.1.1. Choix de l'emplacement du puits

Selon les orpailleurs, « pour creuser, il faut être intelligent ». Donc, on ne creuse pas n'importe comment. Pour creuser, les orpailleurs cherchent « le chemin de l'or » en regardant la direction de la galerie souterraine de celui qui a trouvé une quantité appréciable d'or (repère).

Puis, ils creusent devant le puits de ce dernier à au moins deux (2) et trois (3) mètres selon la réglementation en vigueur.

4.4.1.2. Le creusement du trou

Pour exploiter l'or à quelques mètres sous des terrains stériles, les orpailleurs de la zone procèdent au creusement d'un trou communément appelé « ***daman*** ». Sa profondeur peut aller jusqu'à plus de 15 mètres selon les placers et selon l'emplacement du site par rapport au cours d'eau. Ce trou de profondeur variable permet d'entreprendre l'attaque de la couche productrice avec les outils rudimentaires évoqués précédemment. Cela suppose toutefois que la masse de terre de recouvrement, bien souvent plus volumineuse, soit évacuée immédiatement hors du trou.

Ainsi, l'exploitation se fait-elle en deux étapes. En premier lieu, les orpailleurs enlèvent les terres superficielles et les rejettent autour des trous. Quand le terrain de recouvrement est peu épais, l'opération est jugée toute facile : c'est le cas à Mako où les orpailleurs travaillent dans le lit de la rivière.

Les orpailleurs rejettent les déblais autour des puits, qui sont les points d'extraction. L'évacuation des productions est assurée par un seau attaché à une corde. Cette technique est du reste bien adaptée à l'exploitation des formations meubles, dans lesquelles travaillent les orpailleurs de Bantanko.

Aujourd'hui, ils travaillent avec leurs instruments le long des sites alluviaux. C'est le lit des rivières et les alluvions de la plaine, leurs principaux lieux d'activité.

4.4.1.3. Le creusement des tranchées

Sur nos sites d'exploitation de type filonien, les types d'horizons à traverser pour atteindre le métal précieux sont les suivants : un horizon argileux superficiel appelé « ***nasé*** », un horizon de sable mélangé avec des gravillons appelé « ***kérié*** », une bande de sable fin dénommé « ***baya*** », un horizon multicolore de graviers avec des cailloux, « ***kouno*** », et enfin la couche aurifère également multicolore appelée « ***nara*** ».

En réalité, le ***nara*** et les graviers sont mélangés et constituent le ***sounou banco***, c'est-à-dire la couche aurifère. L'or y est toujours accompagné de concentré noir appelé « ***mirio*** ».

Mise à jour, la couche aurifère est attaquée avec le ***niatéké***. On prend un échantillon de chaque côté du puits que l'on donne aux femmes pour lavage afin de déterminer sa teneur en particules d'or. Le côté, qui aura le mieux produit, sera choisi pour y creuser la galerie. Ces galeries s'ouvrent donc au fonds des puits. Elles peuvent atteindre une quinzaine de mètres de longueur, si un autre puits ne les traverse pas. Cependant, les puits sont rapprochés pour assurer la ventilation.

Ces méthodes comportent d'énormes risques. Les placers sont parfois le lieu d'accidents mortels dans les tranchées souterraines qui relient un puits à un autre par suite d'éboulement. Ces éboulements sont surtout fréquents en hivernage.

4.4.1.4. Le lavage du sable aurifère

Il est fait par les femmes. À cet effet, de petits trous sont creusés un peu à l'écart des puits pour y mettre l'eau, qui sert à laver l'horizon aurifère.

Le lavage se fait au moins trois fois. À la fin de l'opération, les particules d'or restent au fond des calebasses.

Signalons qu'il se pose ici des problèmes très sérieux de disponibilité de l'eau. Les orpailleurs creusent des puits dans le lit des rivières pour le besoin d'eau de lavage de l'argile aurifère. S'il n'y a pas de puits sur le site du placer, les femmes sont obligées de faire quelques fois deux (2) à trois (3) kilomètres à pied à la recherche du précieux liquide ; ce fut le cas à Khossanto.

Seuls les placers, qui longent la Falémé, n'ont pas ce problème d'eau en pleine saison sèche. À Mako par exemple, les femmes lavent directement la couche aurifère dans le fleuve. Cela donne une couleur jaunâtre à l'eau de la partie du fleuve concernée.

Ce manque d'eau couplé à la massification des personnes en provenance d'horizons divers ne va pas sans poser de sérieux problèmes de santé. Les maladies d'origine hydrique sont très fréquentes dans les villages, où il y a des placers.

Les emplacements d'orpaillage sont réservés par simple occupation des lieux ; ils ne peuvent être utilisés par une autre personne qu'à la suite d'un abandon manifeste. Les techniques d'exploitation ne semblent pas beaucoup évoluer. Les instruments utilisés sont le ***soli***, sorte de ***daba*** *à* manche court et à pointe effilée, et la petite calebasse destinée à recueillir les alluvions aurifères (***féké***). Le matériau prélevé est lavé avec une grande quantité d'eau. Les laveuses secouent la calebasse en un mouvement giratoire de manière à mêler le sable avec l'eau. Elles laissent ensuite le sable reposer au fond puis épanchent l'eau. Elles ôtent les sables grossiers, ajoutent une nouvelle eau et recommencent l'action.

Photo 5 : Lavage du sable aurifère

Photo 6 : Lavage du sable aurifère

À la fin de l'opération, il reste au fond de la calebasse de la vase noire, à laquelle elles ajoutent un peu d'eau, et qu'elles remuent en l'examinant avec soin pour déceler quelques particules d'or : **poudre, pépite** ou **paillette**.

Un fragment de métal aimanté est ensuite utilisé pour séparer « le bon métal de l'ivraie ». L'or recueilli est conservé dans des capuchons de stylo à bille bouché avec du coton.

Photo 7 : Lavage du sable aurifère

Au niveau de l'organisation du travail proprement dit sur les sites, l'orpaillage suit un modèle bien établi. Il se fait de façon saisonnière dans le respect des us et coutumes, selon plusieurs modes d'organisation. En dehors de l'organisation technique, il y a une autre forme d'ordre familial ou communautaire, qui mobilise toutes les forces vives du terroir.

Photo 8 : Séparation de l'or contenu dans le *sarilan*, des impuretés

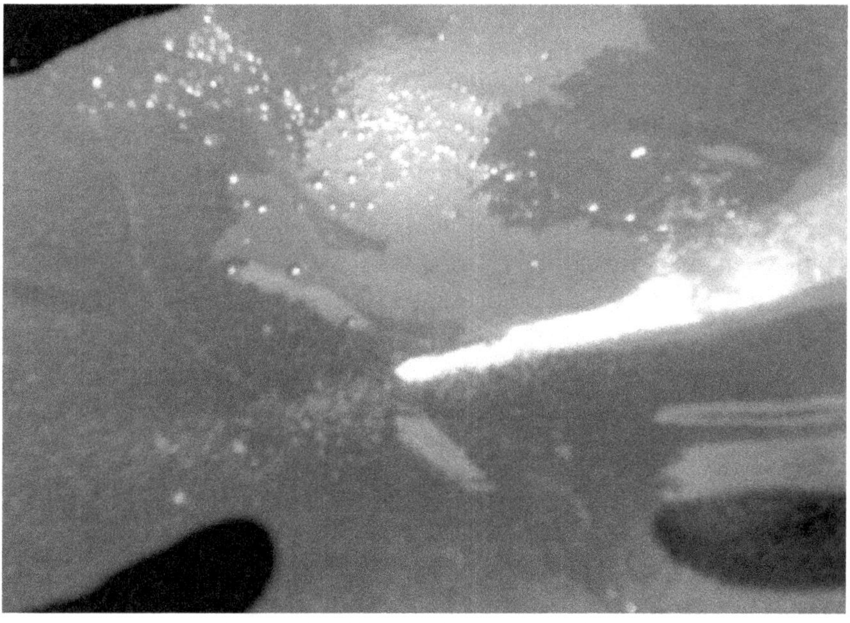

Photo 9 : Or en pépite après lavage

4.4.2. Organisation à l'échelon familial

L'orpaillage est entrepris sur une base individuelle. Les membres d'une même famille peuvent exploiter au même endroit, mais chacun jouit de la quantité d'or trouvé. Il est néanmoins fréquent de rencontrer un garçon ou une fillette remettre une partie de l'argent tiré de la vente de l'or à ses parents pour qu'ils achètent de la nourriture. Lorsque l'exploitation est faite sous cette forme, les gains, qui en résultent, sont généralement détenus et gérés par le chef de famille.

4.4.2.1. Organisation en groupe

Dans cette forme d'organisation qui est couramment employée dans les placers, le puits d'extraction appartient à l'ensemble du groupe et la production est immédiatement partagée en fin de journée entre tous les membres, conformément aux règles établies par le groupe. Cette forme d'organisation impose une certaine discipline et un respect des principes traditionnels et exige une honnêteté vis-à-vis de soi et envers les autres membres du groupe. Tamba Nomokho raconte :

> [...] je suis chef de *daman* (puits) à Bantanko, je travaille avec dix-neuf personnes dans ce puits de 30 mètres. À la fin de l'opération, nous rassemblons 19 tas de sable aurifère, et chacun prend un tas. Je prends un tas, le *diouratigui* prend lui aussi un tas, le forgeron prend un, et les autres orpailleurs prennent chacun un tas. [...] Après, on propose aux femmes, qui ne sont pas dans notre concession, de laver le sable à raison de 2 000 francs CFA par bassine.

4.4.2.2. Organisation en coopératives ou associations

Cette forme d'organisation est apparue au début des années 90 et regroupe en général 20 à 30 orpailleurs d'un même village, qui s'organisent pour exploiter un même site. Les moyens de travail sont collectifs et la force de travail mise en commun ; la raison principale étant l'association des efforts et des « capitaux », afin de mieux pouvoir augmenter l'efficacité de l'exploitation. Ces coopératives, qui disposent d'une structure organisationnelle formelle et de petits matériels d'exploitation, investissent en général leurs productions dans l'initiation de projets communautaires.

4.4.2.3. Organisation sous forme de prestation de service

Dans ce cas, le travail est structuré sur des postes spécialisés et sur la base des trois principaux intervenants à savoir :

- le propriétaire de la mine (***diouratigui***), qui prend à sa charge tous les frais liés à l'exploitation du puits et à la fourniture de la nourriture aux mineurs et aux autres prestataires de service qui travaillent dans son puits et pour son compte ;

- les mineurs/puisatiers, payés par le propriétaire de la mine sur la base d'un montant forfaitaire en fonction de la production ;

- les laveurs essentiellement constitués de femmes ; dans la plupart des sites, ce travail est généralement réalisé par les femmes, rémunérées en nature sur la base d'une calebasse de minerai pour 3 calebasses extraites.

Malgré cette organisation du travail, il convient de signaler que les orpailleurs n'ont pas de postes totalement fixes sur les sites en activité. En effet, selon l'évolution des travaux et en fonction des difficultés rencontrées sur un site donné, les orpailleurs peuvent se remplacer mutuellement aux différents postes.

À cause de cette flexibilité des postes et de la mobilité des orpailleurs, il n'est donc pas possible de donner une statistique précise sur les personnes qui travaillent exclusivement comme mineurs ou laveurs.

4.5. Le rôle des différentes corporations dans les activités d'orpaillage

Il y a un ensemble d'acteurs, au niveau de la structure organisationnelle dans les placers, sur lesquels repose l'orpaillage, et qui sont tous engagés dans le processus d'extraction, de traitement et de répartition de la production.

4.5.1. Le *diouratigui*

C'est le propriétaire de site (*dioura*). Il est l'héritier du terroir villageois, et par conséquent bénéficie de tous les avantages de l'orpaillage.

Il a son tas de sable aurifère pour chaque puits creusé sur le site. Ce mode de répartition de la production est une survivance d'une pratique ancestrale, fondée sur le respect des valeurs sociétales, de la hiérarchie, mais aussi de la solidarité.

Photo 10 : Mode de rémunération du *diouratigui*

4.5.2. Le *damantigui*

Le *damantigui* est un propriétaire de puits (*daman*). Il est l'autorité centrale des sites d'orpaillage, assiste matériellement les orpailleurs à l'ouverture des puits et veille sur l'activité de production. Il est choisi par tirage au sort parmi les notables et les propriétaires terriens, et prend toutes les décisions concernant les travaux d'orpaillage à l'intérieur du territoire villageois.

4.5.3. Le *tomboloma*

La police des mines (*tomboloma*) est constituée par un groupe de jeunes du village. Elle est chargée du maintien de l'ordre et de l'observation de la réglementation traditionnelle, de l'arbitrage des litiges et des rapports avec l'administration publique. Le *tomboloma* est choisi à l'unanimité pour sa connaissance des coutumes et pour son intégrité. De par sa présence permanente au placer, le *tomboloma* représente l'autorité morale du *damantigui* et à ce titre, il est le plus informé et le plus documenté sur la vie sociale du placer, dont il est garant.

4.5.4. Les ordonnateurs de sacrifices

Les ordonnateurs de sacrifices rituels prennent le relais de cette chaîne communautaire et assurent aux orpailleurs une protection spirituelle contre les mauvais esprits et les diables. Ils sont détenteurs de savoirs occultes, car étant en contact avec le *Dialan* (Génie protecteur).

Il existe une idée largement répandue que l'or a une dimension mystique ou encore supranaturelle. Cette croyance populaire 'Volskgeist' laisse croire que l'or est la propriété d'êtres invisibles que sont les génies. De ce fait, d'aucuns pensent que c'est un métal maudit. Ils tirent cette leçon de l'expérience que 'tous ceux qui ont connu la richesse et la gloire grâce à l'or ont également connu une déchéance sociale tout aussi proportionnelle à cette gloire'.

Les ordonnateurs de sacrifices entrent dans le secret du *Dialan* avant le démarrage de chaque saison d'orpaillage, pour pouvoir révéler et ordonner les types de sacrifices à faire.

4.5.5. Les forgerons du site

Le forgeron, toujours présent à côté des sites, est sollicité pour la confection et la réparation des outils utilisés dans les activités d'orpaillage (pics, *soli*, pioches et autres équipements rudimentaires). Il s'installe à proximité des sites, car sa présence y est interdite pour des raisons de croyances. Il appartient à la catégorie des gens de castes, généralement issus des clans Cissokho et Diankha. Ceux-ci sont d'une structure sociale fortement différenciée et antagonique.

4.5.6. Les gardiens de *dioura*

En saison d'orpaillage, les *dioura* regorgent des tas considérables de terre aurifère, eu égard à la ruée des orpailleurs venus de divers horizons. Afin d'éviter tout cas de vols, des adultes se portent volontaires pour veiller à la sécurité du *dioura*. Ces volontaires sont des veilleurs de nuit, et sont protégés sur le plan mystique par les marabouts du village. Pour chaque trou creusé dans le *dioura*, les gardiens perçoivent un tas de terre aurifère.

4.5.7. Les pileurs de pierre

Les activités des « pileurs de pierre » se résument au concassage artisanal. Cette tâche est généralement la spécialité des étrangers (Guinéens). Ces derniers sillonnent les villages abritant les sites pour une prestation de service. Ils utilisent des techniques rudimentaires (pilons en acier, mortiers en fer, etc.). S'agissant de leur rémunération, ils sont payés en fonction de la qualité de la pierre : 5 000 francs CFA pour une bassine de filon (pierre dure, calcaire) ; 2 500 à 3 000 francs CFA le seau de pierre aurifère.

Photo 11 : Jeune guinéen pilant des blocs de terre aurifère

CHAPITRE V

ANALYSE DE LA SITUATION DES ORPAILLEURS AUJOURD'HUI

5.1. Les caractéristiques sociodémographiques des orpailleurs

Dans ce chapitre, nous allons présenter les données de notre population cible, avec comme variables, l'âge, le sexe, l'ethnie, le niveau d'instruction, l'ancienneté dans le métier, etc. La figure ci-dessous présente la répartition de l'échantillon d'enquête selon le sexe. Nous avons choisi d'interroger les orpailleurs ayant dix ans révolus, pour éviter au maximum le biais lié à l'âge, car nous avons rencontré une forte présence d'enfants de moins de dix ans, qui ne pouvaient pas répondre à nos questions.

5.1.1. Répartition selon le sexe

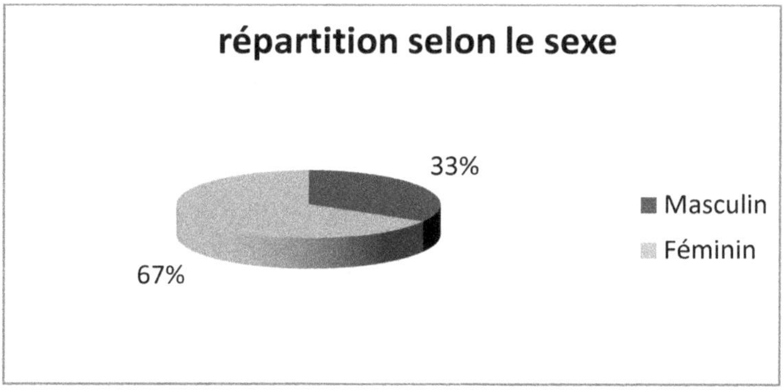

La répartition des orpailleurs par sexe montre que les deux sexes sont représentés dans les activités d'orpaillage, du creusement des galeries au lavage du sable aurifère. La population féminine représente 67% de la population totale, donc un peu plus du double de celle masculine (33%). Nous pouvons considérer que l'orpaillage mobilise aujourd'hui plus de femmes que d'hommes. C'est une activité caractérisée par une coopération technique et fonctionnelle entre orpailleurs et une division sexuelle des tâches.

De même, dans un contexte de pauvreté et de précarité, les populations rurales mobilisent toute leur énergie, toute leur force pour sortir du spectre de la pauvreté en maximisant leurs revenus. La féminisation de la pauvreté est aussi un facteur explicatif de ce constat de fait.

Le statut de « chef de famille » généralement tenu par les hommes a subi un déclassement parmi les catégories d'orpailleurs les plus démunis, notamment là où le pouvoir de nourrir ne peut plus être pleinement exercé faute de moyens.

Dans la plupart des sites, les femmes tentent de s'approprier ce statut, que les hommes ne parviennent plus à assumer.

C'est pourquoi nous assistons à une féminisation silencieuse et progressive de l'activité d'orpaillage, même si la forme de division sexuelle des tâches jadis instaurée demeure encore vivace.

5.1.2. Répartition selon la tranche d'âge des orpailleurs

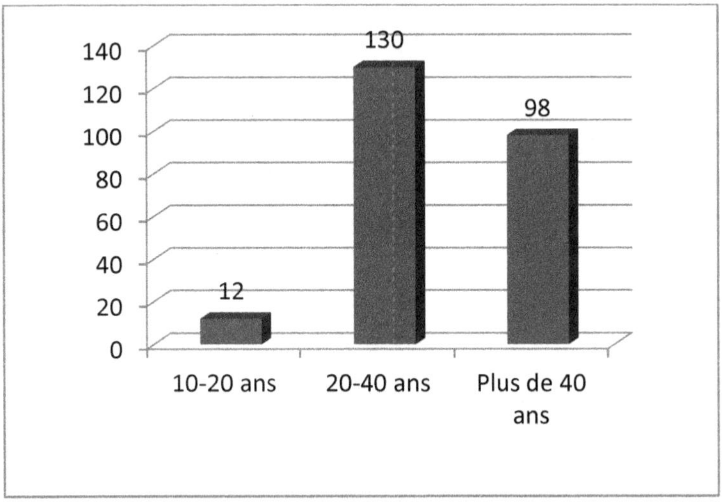

À partir de ce graphique, nous pouvons remarquer que les orpailleurs de 20 à 40 ans (54%) sont plus nombreux dans notre population cible. Cela peut s'expliquer par le fait que l'activité d'orpaillage nécessite beaucoup d'efforts physiques, mais aussi par le fait que les jeunes souvent dans le chômage ou professionnalisés dans l'agriculture, qui du reste demeure aléatoire, ont des besoins pressants à 'alimenter'. Ces jeunes de 20 à 40 ans trouvent dans l'orpaillage un moyen « de s'en sortir », car l'orpaillage peut rendre une personne riche en peu de temps, font-ils remarquer.

À quarante ans révolus, les populations rurales gardent toujours une allure jeune en tout cas en ce qui concerne certaines activités notamment l'agriculture et l'orpaillage. Sur le plan physique, rien ne les différencie des jeunes gaillards de la vingtaine d'années, quoique l'on puisse noter une légère baisse de l'effectif (41%), comparé aux orpailleurs de moins de 40 ans.

À ce stade, les orpailleurs sont tous pères de familles parfois nombreuses, assurent une bonne reproduction sociale de leur progéniture, avant d'explorer d'autres secteurs notamment le commerce.

Dans la population des orpailleurs, les moins de 20 ans sont présents. Cette main-d'œuvre infantile est visible dans les placers, mais aussi dans certains foyers où l'on peut trouver des « enfants concasseurs » de blocs de terre aurifère. Cette frange représente 5% de la population cible. Les parents développent une certaine conduite d'utilité à l'égard de l'enfant ; conduite qui consiste à profiter de toutes les opportunités pour le solliciter, car « il n'est plus un tout petit ». Cet apprentissage est de nature à « renforcer son processus de maturation physique, mentale et autre », disent-ils. L'enfant est ici intégré dans le dispositif de survie mis en place par la famille.

Cette présence non négligeable d'enfants sur les sites montre que le phénomène du travail des enfants est plus qu'une réalité dans ces zones isolées, malgré les campagnes de sensibilisation sur les pires formes de travail des enfants dans ces localités. La plupart de ces enfants sont des filles de 5 à 12 ans, qui sont en contact avec la glaise ou la marne, les monticules de sable, etc. Ce constat de fait témoigne de l'aspect ludique de l'orpaillage.

5.1.3. Répartition par ethnie des orpailleurs

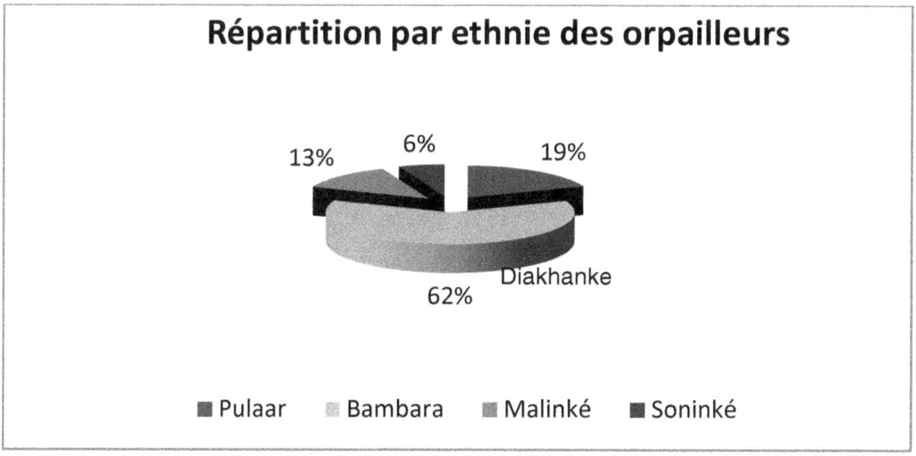

La répartition par ethnie montre que les sites sont pour la plupart peuplés de Diakhankés (62%) ou gens de « Diakha ». Leur origine remonte à la période d'expansion de l'Empire du Mali (XIIIe et XIVe siècles). C'est pourquoi ils ne se différencient pas trop des Bambaras du Mali. Ils n'ont pas de territoire au sens traditionnel du terme, car leurs villages sont disséminés, un par un, au milieu des villages peuls, malinkés, etc.

L'arrivée des Peuls en provenance de la Guinée date des années 1960. Ils se définissent comme Peuls Fouta, c'est-à-dire Peuls Tanghé.

Avec l'aggravation de la crise en Guinée, les Peuls ont décidé de s'installer de l'autre côté de la frontière, dans une région très enclavée, celle de Fongolimbi, constituée de hauts plateaux déjà peuplés de Jallonkés et de quelques Peuls venus ultérieurement. Avec la découverte de nouveaux sites d'orpaillage, et le mystère de l'or dans cette zone, les Peuls se déplacèrent progressivement et habitèrent à proximité de certains sites aurifères. Leur présence sur les sites est remarquable avec 19%, contre 6% de Soninkés.

5.1.4. Répartition des orpailleurs selon le niveau d'instruction

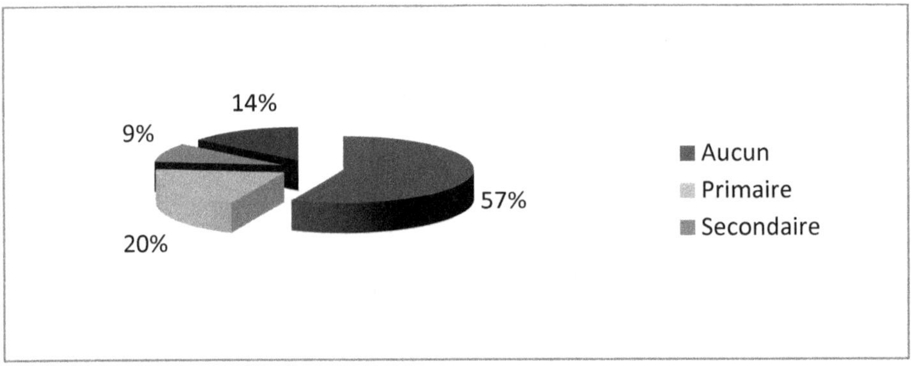

La répartition selon l'instruction montre une faiblesse du niveau des orpailleurs ; ce qui augmente leur vulnérabilité au plan social. Nous pouvons donc noter que la faiblesse du niveau d'instruction varie en sens inverse de la vulnérabilité sociale. Autrement dit, plus le niveau d'instruction est faible, plus la vulnérabilité sociale augmente. Cette faiblesse du niveau d'instruction peut compromettre la santé (risque d'infection au VIH-sida, absence de mécanismes de prévention), la sécurité (dangers) et même la moralité (comportement génésique, rencontres occasionnelles, prostitution infantile) des orpailleurs d'une part, et favorise les effets négatifs de l'orpaillage sur l'environnement, d'autre part.

Les structures scolaires sont quasi inexistantes. Les rares écoles fonctionnelles n'assurent pas un cycle primaire complet aux enfants des orpailleurs. Ainsi, la plupart des élèves quittent l'école avant douze ans et finissent par être entièrement absorbés par les sentiers aurifères. La plupart des villages, qui abritent des sites d'orpaillage, ne regorgent pas d'infrastructures scolaires. Ce manque d'infrastructures scolaires est l'une des causes de l'analphabétisme, de la pauvreté économique et de la vulnérabilité sociale des orpailleurs. Ainsi, 57% de notre échantillon n'ont aucun niveau, c'est-à- dire qu'ils n'ont jamais été à l'école, tandis que 14% ont subi une formation en alphabétisation dans le cadre de la campagne de « l'éducation pour tous ».

Dans cette catégorie, la majorité est constituée de femmes. Toutefois, nous avons noté un déphasage entre le contenu de la formation et les priorités du milieu.

De même, 20% ont fait l'école primaire, et la grande majorité a subi les affres de la classe « tueuse » du CM 2, et se trouve exclue, ou simplement mise en dehors du circuit scolaire. En revanche, 9% de notre échantillon a atteint le niveau secondaire. Ce sont généralement des migrants ayant été à Kédougou (ville) ou à Tambacounda pour des raisons scolaires, et qui se voient parfois obligés d'arpenter les couloirs d'orpaillage dans le cadre de stratégies de survie individuelle et/ou familiale.

5.1.5. Répartition selon l'ancienneté dans le métier d'orpailleurs

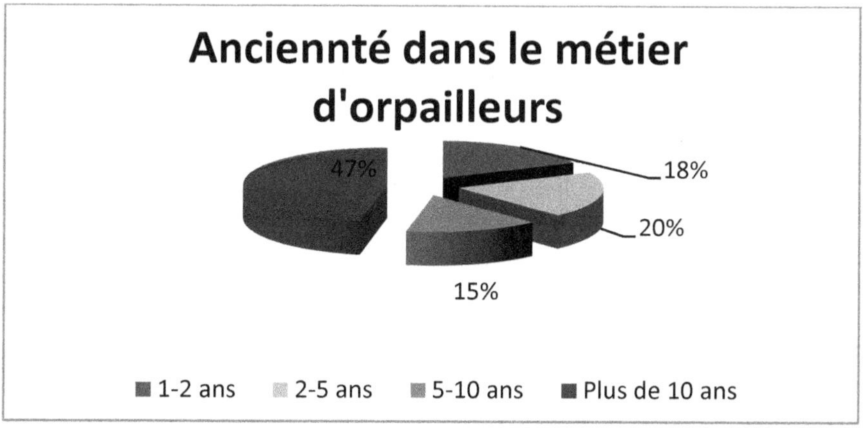

Cette figure montre la durée ou l'ancienneté dans le métier d'orpailleurs. Nous pouvons nettement remarquer que les orpailleurs, qui ont exercé pendant plus de 10 ans le métier, sont plus nombreux (47%), contre 20% pour ceux qui ont 2 à 5 ans d'expérience.

Nous pouvons expliquer cette situation par le fait que l'orpaillage est d'une part, une pratique communautaire intéressant toute la population, et d'autre part, il se transmet de génération en génération.

Il s'agit d'une activité saisonnière, qui complète le revenu des mauvaises campagnes agricoles. C'est une activité traditionnelle qui emploie de plus en plus la force productive.

Les immigrés ou étrangers représentent généralement la population qui a 5 à 10 ans d'expérience (15%). Il s'agit de nouveaux venus à la quête du métal précieux dans le cadre des stratégies de survie.

Il existe aussi une catégorie d'orpailleurs (18%) qui ont une expérience d'une à deux saisons d'orpaillage. Cette catégorie est essentiellement composée d'enfants mais aussi de quelques étrangers.

5.2. De la division sexuelle du travail chez les orpailleurs

La division sexuelle du travail renvoie à une parcellisation des tâches, afin d'accroître le rendement et la productivité. Elle entraîne une interdépendance et une complémentarité des orpailleurs. Aux hommes sont confiées les tâches qui nécessitent de l'effort physique et de l'endurance (tâches lourdes), aux femmes des tâches adaptées à leur morphologie (tâches légères).

5.2.1. Rôle et travail des femmes sur les sites

Dans les zones aurifères de notre zone d'étude, les femmes ont de tout temps joué un rôle prépondérant dans l'organisation sociale des sites miniers et leur taux de participation dans l'artisanat minier dépasse largement les 50 %.

Les raisons de leur présence sur les sites miniers ont plusieurs explications parmi lesquelles on peut citer, entre autres, les effets de la sécheresse, de la pauvreté, et les pratiques culturelles relatives à l'exploitation de l'or dans les zones rurales. Les femmes rencontrées sont généralement originaires des villages environnants, à quelques encablures des sites d'exploitation. Elles quittent le village à 7 h du matin et travaillent jusqu'au crépuscule. Elles s'accompagnent généralement de leurs enfants.

Concernant les postes d'intervention dans le circuit de production, nous pouvons remarquer que certaines femmes sont présentes à tous les niveaux du circuit, depuis la remontée du minerai, son transport jusqu'au traitement (pilage, tamisage et lavage). C'est ainsi que sur certains sites de Mako, Khossanto, Tomboronkoto ou Tenkoto par exemple, les femmes constituent plus de 80 % des travailleurs impliqués dans le lavage du minerai aurifère.

Le lavage de l'or était une activité féminine, au même titre que la cueillette des fruits et des feuilles et le demeure principalement encore.

Mais la baisse des revenus tirés de l'agriculture pousse les hommes à descendre de plus en plus dans le lit du fleuve à la recherche de l'or.

À côté de ces postes de travail directement liés à la production minière proprement dite, les femmes jouent également un rôle majeur dans des activités annexes, comme la cuisine, le petit commerce et le ravitaillement des sites en nourriture et en eau. En dépit de ces rapports importants, le statut social de la femme dans l'artisanat minier demeure peu favorable.

Nonobstant ses multiples obligations, la femme n'a que peu de droits et ne bénéficie pas encore de concours significatifs pouvant valoriser son travail et renforcer ses capacités.

Toutefois, nous pouvons souligner que si la femme rencontre des difficultés dans la pratique de l'orpaillage traditionnel, elle se bat courageusement pour améliorer ses conditions économiques.

Le lavage des graviers est la tâche réservée aux femmes. Il est pratiqué dans les marigots lorsqu'ils ne sont pas secs. Dans un premier temps de gros graviers sont lavés, triés et rejetés. Une fois les plus gros graviers retirés, le reste des alluvions est débarrassé de l'eau boueuse par des mouvements oscillatoires de la calebasse, utilisée comme une batée. Le débourbage est effectué dans une calebasse. Il reste au fond de la calebasse quelques grains de quartz, les minéraux lourds (magnétite) et les paillettes d'or. Ces minéraux sont versés dans une écuelle de bois, dans laquelle les paillettes sont tirées en fin de journée.

> *Je m'appelle Binetou Danfakha, mais on m'appelle Téné, j'ai 43 ans ; je suis orpailleuse, j'habite Massa-Massa. Tous les matins sauf les lundis et vendredis, je viens sur le site avec ma famille, pour collecter des pépites d'or et avoir un peu d'argent. Mon travail consiste à laver le sable aurifère et détacher les paillettes des impuretés ou saletés. L'argent que je gagne, je l'investis dans le foyer en achetant des*

ustensiles et des denrées alimentaires. Le travail est pénible parce que pour avoir un (1) gramme d'or, je peux rester plusieurs jours à collecter des pépites.

Les propos ainsi restitués de Binetou Danfakha du village de Massa-Massa montrent que l'orpaillage est une activité génératrice de revenus, une alternative à la pauvreté. Tout ce que les femmes orpailleuses gagnent contribue généralement à améliorer les revenus de la famille, notamment la prise en charge des enfants.

Photo 12 : Séance de débourbage par une femme orpailleuse

5.2.2. Le travail des hommes sur les sites

Les hommes sont plus nombreux dans les *dioura*, surtout en ce qui concerne l'exploitation de type filonien. Ils sont spécialisés dans les tâches dites « lourdes », creuser des trous de 5 à 10 m par exemple. Il arrive souvent que les orpailleurs travaillent en association pour gagner du temps et maximiser le rendement. Ils désignent un chef de mine (***damantigui***) qui veille à l'exercice effectif des différentes opérations.

Les hommes descendent dans les trous à l'aide de cordes et communiquent à l'aide de tuyaux en plastique leur parvenant de l'extérieur.

Il faut cependant signaler que le risque est plus élevé chez les hommes, qui entrent dans ces trous noirs avec un matériel rudimentaire (torche attachée au front, cordes, sacs, barre à mines, etc.).

C'est un travail fastidieux, qui commence après l'étape du creusage du puits. Quand on passe à l'étape suivante, à savoir faire remonter le sac de minerai du trou, il faut plusieurs orpailleurs pour tirer la corde.

Cependant, les accidents sont acceptés par les orpailleurs comme des faits, qui concourent à la réussite de l'extraction du minerai. C'est ce que raconte Ibrahima Keita, un orpailleur de 39 ans, en ces termes :

> Le travail de l'or ne peut se faire sans un sacrifice ou sans écoulement de sang [...] l'exploitation de l'or est mythique, l'or est associé au sang, à la mort et, pour l'orpailleur, le risque [voire le sacrifice] apparaît comme une condition du succès ou de gain.

Photo 13 : Orpailleur descendant dans son trou-mine

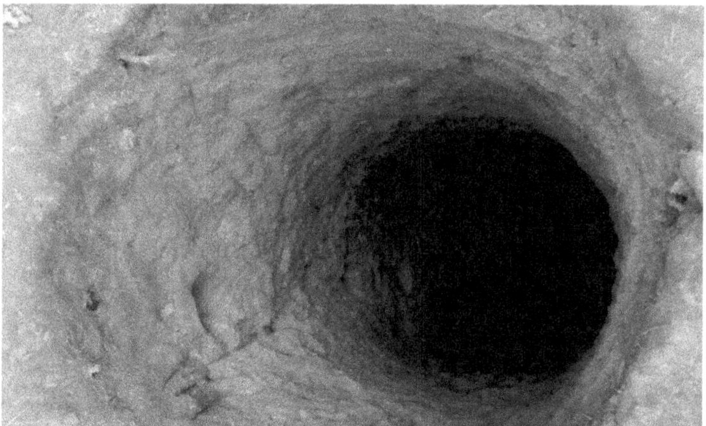

Photo 14 : Orpailleur à l'intérieur du trou-mine (site de Bantanko)

5.2.3. Rôle et travail des enfants orpailleurs

L'emploi précoce des enfants constitue l'un des problèmes les plus importants des pays en développement en raison de son ampleur, de ses caractéristiques et de ses conséquences. En fait, s'il se justifie dans une certaine mesure, il est à signaler qu'il pourrait compromettre le développement physique et mental des enfants et, au plan national, réduire les capacités d'accumulation du capital humain. Ce qui est susceptible d'inhiber le potentiel de croissance voire de développement durable. L'enfant occupe une place très importante dans la société mandingue en général. Dès le bas âge, il est intégré dans une logique, où l'initiation, en tant que système symbolique fonctionnant comme principe structurant, est destinée à construire l'expérience, en même temps qu'elle l'exprime, au titre de logique à l'état pratique, pour reprendre en substance Bourdieu.

Par l'idéologie initiatique et l'apprentissage, l'enfant se sent totalement solidaire avec la masse des expériences séculaires, qui constituent la tradition, dont les différents stades ne lui seront accessibles que progressivement.

Le travail des enfants dans l'orpaillage constitue une activité extrêmement pénible exercée par des enfants très jeunes, exposés à divers risques comme les blessures, l'épuisement de l'organisme, les affaissements de terrain et les éboulements, et ce durant de longues heures sous un soleil ardent (dans la zone, les températures avoisinent 30 à 40 degrés à l'ombre). L'exploitation artisanale de l'or se fait avec des moyens rudimentaires. Le creusement des puits au niveau des sites d'exploitation ou placers s'effectue à l'aide de piques, pioches, pelles et marteaux. À douze ans, les garçons commencent à s'initier à ce genre d'exercice, tandis qu'à cet âge, les filles ont tout maîtrisé sur le lavage du sable ainsi que des blocs argileux avec comme outils, des calebasses et des bassines.

Du matin au soir, ils creusent, tirent des sacs de sable, cassent des pierres, piochent la terre et parfois, au même titre que les femmes, s'acharnent à la laver, pour des granules d'or alluvionnaire ou filonien. Sans aucune forme de protection, ces enfants orpailleurs restent vulnérables à toutes sortes d'accidents et de maladies : des blessures aux bras et mains, aux pieds et jambes, de la fatigue éprouvante et continue, des maux de tête et sous la menace effective et réelle de glissements de terrain ainsi que de maladies pulmonaires liées aux effets nocifs de la poussière et du sable. Le travail porte ainsi atteinte au développement physique et psychologique des enfants. Au-delà de ces aspects, il faut noter que le travail constitue en lui-même une forme de socialisation très intensive, qui absorbe l'enfant dès le bas âge (5 ans au plus tard).

En effet, dès qu'il commence à marcher et à se servir de ses mains, l'enfant (garçon ou fille) est appelé à fréquenter les sentiers aurifères pour se familiariser avec le matériau de la terre. Le travail des enfants prend alors une forme ludique, c'est-à-dire qu'il se présente au tout début comme un simple jeu qui, à la longue, finira par former un actif précocement accompli. À quinze ans, l'enfant est censé maîtriser la pratique de l'orpaillage et s'insère alors dans une dynamique sociale, où le milieu géographique et l'environnement social et familial le prédisposent à suivre mécaniquement le pas de ses ancêtres et aînés.

La recherche de l'or au sud-est du Sénégal se transmet ainsi par-delà les âges et générations. Le travail reste une valeur, qui concerne toutes les forces actives de la communauté, et dont la pratique ne fait pas une réelle distinction entre l'adulte et l'enfant, entre l'homme et la femme. L'enfant ayant grandi dans une telle communauté n'a ainsi aucune chance ou possibilité d'échapper à cette dynamique, qui fait très tôt de lui un être actif devant mettre sa force physique au service de la communauté.

En effet, dans ces localités, le processus intégrateur suit une voie linéaire. On ne brûle jamais les étapes, qui conduisent à la possession des statuts. Dans le cadre de notre recherche, nous avons remarqué la présence d'enfants qui participent aux opérations d'exploitation et de traitement artisanal de l'or. Les jeunes filles s'adonnent à la mouture consistant à réduire dans des mortiers en acier des morceaux de roche contenant les pépites.

Photo 15 : Présence d'enfants sur les sites d'orpaillage (site de Khossanto)

Cette étape de l'orpaillage conduit au vannage une fois le minerai sorti du sous-sol ou les roches concassées. On procède au vannage pour obtenir des grains ou de la poudre d'or. Cette opération se fait à l'aide de deux instruments, l'un pour vanner et l'autre pour recueillir les particules contenant l'or.

En fait, le vannage permet de débarrasser le minerai des éléments impurs et de réduire les dépenses en eau au cours du lavage. Sur les sites, on remarque que la plupart de ceux qui vannent le minerai sont des femmes et des petites filles. Si l'on note aussi la présence de quelques garçons, ceux-ci seront âgés de moins de 15 ans. Le vannage est donc considéré par les orpailleurs comme un « travail de femmes ». De même, les enfants aussi bien que les femmes travaillent sans masques et sans matériels sérieux de protection contre la poussière. Ils sont couverts de poussière de couleur saumâtre ou grisâtre et ce de la tête aux pieds ; d'où la forte présence des troubles respiratoires chez les enfants.

Ce qui peut être surprenant pour l'observateur, c'est que les chercheurs d'or qui accomplissent cette activité semblent se complaire dans ces conditions précaires marquées par le manque d'hygiène. Cette prévalence des conditions d'hygiène et de travail relèverait du mythe de l'or qui veut que sa recherche soit associée « au risque et à la saleté, comme si les pires conditions de travail étaient un gage de succès » (Bakouan, 1991).

Les travaux directement liés à l'orpaillage et auxquels participent les enfants sont par conséquent ardus et risqués. Ces derniers constituent une force importante pour la production de l'or (main-d'œuvre infantile) et l'amélioration des revenus de la famille. Bien que la plupart des chercheurs s'accordent sur les conséquences du travail des enfants, de plus en plus, il y a moins d'unanimité sur les déterminants du phénomène. À ce propos, un certain nombre d'études en sciences sociales ont mis en relief l'existence d'une relation étroite entre la pauvreté des ménages, et la mise au travail des enfants (Blunch et Verner, 2000).

S'inspirant de ces travaux, Basu et Van (1998) ont construit un modèle de l'économie des ménages, qui tient expressément compte de l'influence du niveau de vie des ménages sur l'insertion des enfants dans les activités socioéconomiques. Ce modèle est fondé sur deux hypothèses essentielles appelées axiomes.

Premièrement, *l'axiome de luxe*, qui sous-tend qu'une famille fera travailler les enfants sur le marché du travail, si et seulement si son revenu sans celui des enfants est relativement faible.

Deuxièmement, on a *l'axiome de substitution*, qui implique que le travail des enfants et celui des adultes sont substituables.

En somme, l'une des causes les plus souvent évoquées pour expliquer le travail des enfants est l'état de pauvreté dans lequel se trouvent certains ménages. Au moment où le Sénégal réfléchit sur la mise en place des politiques de lutte contre ce phénomène, en signant et ratifiant les conventions **138** (âge minimum d'admission au travail) et **182** (interdiction des pires formes de travail) de l'OIT, la connaissance du lien entre celui-ci et la pauvreté est particulièrement importante. Ce qui choque le chercheur devant une telle situation, ce n'est pas tout simplement la banalisation ou la normalisation du travail des enfants, mais c'est aussi et surtout le manque de considération du phénomène de la part des pouvoirs publics.

Photos 16 et 17 : Enfants s'adonnant à la mouture ; opération consistant à réduire dans des mortiers des morceaux de roche contenant le minerai.

Encadré 1

Goundo la vanneuse

Goundo Dansokho est âgée de 17 ans. Elle est arrivée avec ses parents sur le site de Khossanto, il y a de cela quatre mois. Mais elle n'y réside que temporairement, car elle retourne de temps en temps à Kédougou. Goundo apporte de l'aide à ses parents en faisant du vannage et de la mouture, et quelquefois du tamisage.

Ainsi, chaque matin, pendant que le père de Goundo et ses deux frères se dirigent vers les galeries, Goundo, munie de ses deux cuvettes de dimensions inégales, accompagne sa mère et sa sœur aînée vers les hangars de traitement.

Tout ce qu'elle obtient financièrement est remis au chef de ménage, destiné à améliorer les revenus de la famille.

Si elle avait le choix de faire autre chose, hésiterait-elle ? Non, nous dit-elle, elle ferait comme certaines filles, qui sont sur le site, et qui « ne font rien mais qui gagnent mieux ». Goundo pense qu'elle pourra soit travailler comme restauratrice, soit échanger ou vendre ses charmes à prix d'or, dans un monde d'orpailleurs, où l'amour se paye facilement et où une femme se conquiert par des dépenses ostentatoires.

5.3. De la gestion dans les *dioura*

5.3.1. La gestion du *dioura*

Les objectifs de la pratique de l'orpaillage sont doubles : **prospérer et survivre**. Pour concilier ces objectifs, il faut définir des règles de fonctionnement : un protocole de gestion.

En effet, les principes de la gestion ont peu évolué au cours du temps, les structures de gestion sont centralisées autour des autorités traditionnelles dotées d'organes de contrôle et de répression. Les règles de fonctionnement sont établies par la communauté des orpailleurs. L'évolution des règles se fait donc par dérive contrôlée des pratiques paysannes.

La gestion du placer est le fait de deux instances de pouvoirs politiques résultant de la tradition : le ***diouratigui*** « chef de *dioura* », « propriétaire de site », et les ***tomboloma*** « police des mines », qui veillent sur le contrôle et la gestion des placers. Leur pouvoir résulte de la coutume et la terre en est le fondement.

5.3.1.1. Le foncier de l'orpaillage

Généralement, c'est le chef de village où se trouve le placer, qui est garant de l'inaliénabilité des terres de la communauté. À ce titre, les terres lui appartiennent du moins symboliquement. Car ici, la terre est avant tout un « bien communautaire », seule son exploitation est considérée à titre individuel. Le premier occupant n'a donc qu'un simple **droit d'usage** sur la terre occupée, mais il a un droit de propriété absolue sur les produits de son travail. Ce principe sacro-saint est aussi valable dans les placers. Ce qui fait que si l'on découvre l'or dans le champ d'un paysan, on lui défriche un autre champ à son choix. La terre ne manquant pas dans la zone, l'on est obligé de se plier aux principes du droit coutumier.

Mais cette situation pose d'énormes problèmes surtout pour les orpailleurs étrangers qui ne se plient pas forcément au droit coutumier en vigueur. Les populations sont conservatrices. Ce qui explique le déphasage entre la tradition coutumière et la nouvelle réalité, qui tarde à être régie par des normes sociales contraignantes. Ce fut le cas du marabout de Séguékho (un hameau de culture de Massa-Massa) en 1982. Ce dernier voulut refuser que l'orpailleur creusât son trou dans ses champs, mais le chef de village de Massa-Massa, le dépositaire du droit coutumier, lui força la main. C'est pourquoi nous pensons que les droits de la terre n'ont pas dans leur ensemble été affectés par la modernisation dans certaines localités. Ces principes communautaires qui régissent le statut de la terre dans l'Afrique traditionnelle ont survécu à tous les courants historiques. C'est à travers le système traditionnel de la terre que les droits modernes se sont heurtés aux plus grandes résistances de la coutume.

5.3.1.2. Le maître du placer (*diouratigui*)

Il est le chef suprême du placer ou lieu d'exploitation de l'or. C'est lui qui procède aux sacrifices. Dans ces zones, l'homme fait partie intégrante de la nature. Pour y vivre, il doit s'adapter aux opportunités offertes par la nature, quand elles se présentent.

Le rituel du sacrifice doit être fait toujours avant toute ouverture d'un placer. Ce sacrifice est offert sous un caïcédrat (arbre mythique et séculaire).

Ce sacrifice est généralement composé d'un animal domestique de couleur rouge (chèvre, coq), de noix de cola, etc. Pendant le sacrifice, le maître du placer ou un homme de caste récite des formules incantatoires pour invoquer la bonne grâce des forces protectrices. Il est également l'organisateur de la saison d'orpaillage, le garant du respect des règles établies. Il a aussi pour mandat d'arbitrer des différends pouvant naître de l'activité d'orpaillage.

Le maître du placer est aussi le collecteur de redevances effectives ou symboliques liées à certaines pratiques proscrites ou à l'accueil des étrangers venus tenter leur chance dans le placer. L'application des règles est contrôlée par lui-même, mais ses décisions sont en retour contrôlées par l'ensemble de la communauté.

5.3.1.3. Les *tomboloma* (police du placer)

À côté du maître du placer, les ***tomboloma*** ont un rôle de juge secondaire ou de police. Ils sont choisis pour leur connaissance des coutumes et pour leur intégrité. Ils siègent en conseil avec le maître du placer. Ils délibèrent sur les litiges mineurs nés de l'orpaillage.

Cette fonction est purement honorifique.

Les ***tomboloma*** prononcent des sanctions (payer des noix de cola, des chèvres, des poulets) en cas de transgressions de certaines règles :

- travailler le lundi et le vendredi dans les placers est interdit ;
- on ne doit pas prier dans le placer ;

- on doit respecter la distance réglementaire de deux (2) mètres minimums entre les puits ;
- il est interdit de faire des rapports sexuels dans les placers, les bagarres, les disputes sont formellement interdites ;
- la présence de cordonniers dans les placers, de marmites métalliques est également prohibée ;
- il est interdit de voler dans le placer.

Le montant des amendes s'élève à 3 000 francs CFA par personne responsable d'un délit. Ces sanctions peuvent aller jusqu'à l'exclusion de la communauté. Les bases de ce code oral de conduite sont tellement rigoureuses que les infractions se comptent sur le bout des doigts. La tradition en constitue la référence principale. C'est une organisation solide fondée sur le respect des coutumes.

5.3.2. La gestion de la production

Ici, les stratégies s'inscrivent dans une logique communautaire d'interdépendance et d'entraide. Les hommes forment des équipes de deux à quatre personnes.

Ils choisissent ensuite un chef d'équipe appelé « ***damantigui*** », c'est-à-dire le patron du puits. Puis, ils descendent dans les puits à tour de rôle pour creuser. Quand un orpailleur creuse, un autre se charge d'évacuer la production en dehors du trou.

Dans la plupart des cas, les équipes se constituent en fonction des affinités de leurs membres. Par exemple, les membres d'une même famille préfèrent travailler ensemble dans un climat plus détendu. Quant aux étrangers sans parents dans le placer, ils s'associent à d'autres étrangers ou à des autochtones du village, dans lequel se trouve le placer. Dans ce cas, ces derniers peuvent devenir chefs d'équipes.

Les hommes s'associent ensuite à des femmes pour le lavage de la couche aurifère. Le partage de la production se fait sur une base inégalitaire. Les hommes prennent deux (2) mesures du seau utilisé pour l'évacuation des productions. Les femmes se contentent d'une (1) mesure de celui-ci.

5.4. Aspects institutionnels et juridiques de l'exploitation de l'or

5.4.1. Les dispositions du nouveau code minier

Au Sénégal, les activités minières sont régies par le code minier de la loi n° 2003-30 du 24 novembre 2003 qui définit :

- le régime juridique de la recherche et de l'exploitation ;
- le régime fiscal de l'exploration et de la production ;
- la participation de l'État et des collectivités locales ;
- les conventions de recherche ;
- la protection de l'environnement.

Pour favoriser le développement du secteur minier, harmoniser la législation minière sénégalaise avec celle de la sous-région et aligner le Sénégal sur les pratiques internationales, le gouvernement a entrepris une révision des dispositions légales, réglementaires et fiscales du secteur. En effet, le code minier actuel accorde, entre autres, une place importante aux dispositions relatives à la protection de l'environnement[34]. C'est la raison pour laquelle l'État du Sénégal a entrepris une étude d'impact sur l'environnement avant l'attribution du permis d'exploitation, mais aussi un programme de préservation et de gestion de l'environnement, ainsi qu'un programme de réhabilitation des sites à exploiter.

Ce nouveau code révisé a pris en compte les aspects particuliers liés à l'exploitation minière artisanale et à l'exploitation minière à petite échelle.

Dans le cadre de l'Union économique et monétaire ouest-africaine, une harmonisation des cadres législatifs et réglementaires des opérations minières est prévue, afin de réduire ou de rapprocher davantage les disparités contenues dans les codes miniers des États membres (UEMOA, 1998). Dans le droit moderne, les dispositions relatives à la délimitation des « *couloirs d'orpaillage* » visent à gérer les questions foncières et à réguler les relations entre les titulaires des titres miniers et les propriétaires des sols (*diouratigui*).

Ainsi, nul droit de recherche ou d'exploitation découlant des titres miniers ne vaut sans le consentement éclairé du *diouratigui* en ce qui concerne les activités impliquant la surface ou ayant un effet sur celle-ci, conformément à l'article 36 du code minier. Cet article stipule que le périmètre objet de l'exploitation artisanale ou de l'exploitation de petite mine est précisé dans l'arrêté portant autorisation d'exploitation artisanale. La zone objet de l'autorisation d'exploitation artisanale est de forme carrée ou rectangulaire et de superficie n'excédant pas

---

[34] NGAIDÉ (M.), dans *Analyse du cadre juridique et institutionnel relatif à la gestion des ressources en eau et de l'environnement*, septembre 2006. NGAIDÉ (M.) est juriste-environnementaliste.

cinquante hectares pour l'exploitation artisanale et cinq kilomètres carrés pour la petite mine. Le titulaire du titre minier est tenu de réparer tout dommage que ses travaux pourraient occasionner à la propriété des tenants des titres fonciers, titres d'occupations et droits coutumiers. Il ne doit en ce cas qu'une indemnité correspondant à la valeur du préjudice causé. L'exercice de l'exploitation minière artisanale est généralement toléré par les détenteurs de grands permis miniers, surtout en phase d'exploration, lorsque les travaux en cours ne constituent pas de dangers ou de risques pour les orpailleurs. Cette tolérance s'explique par le fait que les traces laissées par les orpailleurs ont toujours été des indicateurs de minéralisation pour les prospecteurs et les géologues. Toutes les mines industrielles actuellement en exploitation dans la zone de Sabodala par exemple ont été guidées par les traces d'orpaillage. Aux termes des dispositions actuelles du code minier, l'exploitation artisanale des ressources minérales est classée dans la *catégorie des opérations d'exploitation directe*, sans qu'elle soit précédée d'une phase de recherche préalable. Elle n'est donc soumise à aucune obligation de détention de titre minier de recherche. Cette forme d'exploitation très ancienne, voire séculaire, reste toujours en vigueur dans les zones d'orpaillage du département de Kédougou. Elle participe à l'amélioration du revenu familial, et concerne pratiquement toutes les catégories sociales de la population locale.

Selon les dispositifs du code minier et le décret d'application, l'exploitation artisanale de l'or ou orpaillage traditionnel est exercé par les détenteurs de l'autorisation d'exploitation artisanale, communément désignée sous le nom de *carte d'orpailleur*, différente du titre minier.

L'autorisation d'exploitation artisanale est gérée par les collectivités territoriales et attribuée par elles aux nationaux sénégalais. Elle peut être délivrée à titre strictement personnel ou à des groupements d'exploitants artisanaux pour un délai de validité d'un an renouvelable. Des zones spécifiques, appelées « *couloirs d'orpaillage* » sont réservées à l'orpaillage traditionnel et sont fixées par un arrêté conjoint du ministre chargé des Mines et du ministre chargé des Collectivités territoriales. Toutefois, l'orpaillage traditionnel est toléré dans les zones libres de tout titre minier (exploitation industrielle) ou dans les périmètres de titres miniers avec accord préalable écrit des titulaires de ces titres. Conformément à l'article 40 dudit code, le ministre chargé des Mines a la possibilité de définir, par arrêté, des zones où la recherche et l'extraction de certaines substances minérales concessibles bénéficient d'un régime particulier destiné à en promouvoir la mise en valeur sous forme artisanale ou semi-industrielle. Ce régime particulier peut s'appliquer aux substances, dont l'exploitation est sous une forme artisanale ou traditionnelle, telle que l'or alluvionnaire ou éluvionnaire.

Au plan juridique, il existe donc un ancrage institutionnel matérialisé par de nombreuses structures servant de support au secteur minier. Si par le passé l'exploitation de l'or s'est déroulée sur du vide juridique, le nouveau code minier de novembre 2003 qui devrait y remédier présente dans son état actuel des faiblesses du fait que les textes d'application sérieuse ne sont pas encore pris. C'est pourquoi nous pensons que l'État doit disposer d'un cadre juridique rigoureux qui prenne en compte les préoccupations de tous les acteurs : l'État, lui-même, les multinationales des mines et les communautés minières.

Le code minier en vigueur dispose que :

> Les gîtes naturels de substances minérales contenus dans le sol et le sous-sol du Sénégal sont, de plein droit, propriété de l'État, celui-ci en assure la mise en valeur en faisant appel notamment à l'initiative privée conformément aux dispositions du code minier.

Toute activité minière sur une portion quelconque du territoire national sénégalais est soumise à la délivrance préalable de titres miniers ou autorisations par les autorités compétentes.

L'acquisition de titre minier se fera sur la base de formalités claires, simples et transparentes. À conditions techniques et financières égales, le principe du « premier arrivé, premier servi » est appliqué. Le titulaire du titre minier pourrait être déchu de ses droits en cas de non-respect des obligations fixées par le code, en termes par exemple de non-paiement des taxes et redevances minières ou de non-respect des obligations environnementales.

En cas de découverte d'un gisement exploitable, le permis de recherche conduit de plein droit au permis exclusif d'exploitation sous réserve du respect des obligations.

Les activités de recherches et d'exploitation sont soumises au paiement de divers droits, tels les impôts, redevances et taxes. En outre, elles sont assujetties au droit général de contrôle *a posteriori* sur la base des engagements financiers, du plan de travail, du respect des obligations en matière de fiscalité, de sécurité et d'hygiène, d'environnement.

Les titulaires des titres miniers sont tenus de soumettre et de respecter un plan de protection et de gestion de l'environnement. Ce plan est contenu dans l'étude d'impact sur l'environnement que les sociétés minières en phase d'exploitation doivent soumettre pour approbation aux ministères chargés des Mines et de l'Environnement.

Le code minier impose aux sociétés minières de produire une étude de faisabilité accompagnée d'une étude d'impact environnemental assortie d'un rapport d'enquête publique.

5.4.2. Analyse de l'application de la législation

5.4.2.1. Niveau du respect des dispositions juridiques

Il y a lieu de rappeler que les dispositions ci-dessus évoquées sont récentes. Il est par conséquent difficile de faire une évaluation pertinente de leur application.

La compagnie (SMC) a respecté l'obligation de réaliser et de déposer des études de faisabilité, qui ont été acceptées et validées par l'État du Sénégal.

Cependant, il n'existe pas de dispositions particulières contraignantes et de portée générale, sur la base desquelles on pourrait évaluer les entreprises quant à leur degré de respect de l'environnement.

Par ailleurs, le cas des sites d'orpaillage mérite d'être évoqué. En plus du déboisement, cette activité laisse un paysage de ruines avec de nombreux puits abandonnés et présentant un grand danger pour l'homme et les animaux.

Le fait nouveau dans ce domaine est le constat récent de l'utilisation du mercure par les orpailleurs pour la récupération de l'or. L'utilisation du mercure sans mesures de précaution entraîne des problèmes d'intoxication mortelle, de contamination et de pollution du milieu. Une des faiblesses du nouveau code est sa non-prise en compte de l'usage du mercure dans les activités d'orpaillage.

5.4.2.2. La portée réelle et les limites des instruments juridiques

Le nouveau code minier s'est inspiré, note-t-on, des meilleures pratiques internationales en la matière alliant le souci de la rentabilité des exploitations minières et de la préservation de l'environnement.

La loi existe mais les textes d'application[35] concernant le volet environnemental ne sont pas encore pris. Ce sont donc les dispositions d'ordre général qui s'appliquent. Celles-ci ne peuvent pas avoir la même pertinence qu'une réglementation spécifique.

Sinon, comment comprendre que le Sénégal, ayant ratifié la **Convention de Bâle** (mars 1989) sur le contrôle des mouvements transfrontaliers, la **Convention de Rotterdam** (septembre 1998) sur la procédure de consentement préalable en connaissance de cause applicable dans le cas de certains produits toxiques (mercure), qui font aujourd'hui objet d'un commerce illicite dans les zones d'orpaillage, ne parvienne toujours pas à arrêter ce trafic mafieux ?

Par ailleurs, la prise en compte de l'environnement par le code actuel ne s'étend pas à tous les domaines pouvant être affectés par l'activité minière.

C'est le cas pour les travailleurs qui, lors de la fermeture des mines, ne sont pas spécifiquement pris en compte dans les mesures de réparation des dégâts causés par l'activité. L'expérience de la mine d'or de Sabodala après la fermeture de l'usine EXIMCOR est éloquente à ce sujet. Les anciens travailleurs, bien que n'étant pas en procès contre l'État autour de la question du paiement de tous leurs droits liés à la fermeture de cette usine, n'ont pas été indemnisés.

Cette situation explique la non-pertinence, ou encore le déphasage entre les textes de lois et leur applicabilité.

De même, l'orpaillage qui se déroule toujours dans un cadre informel, constitue une difficulté pour situer les responsabilités quant aux conséquences préjudiciables de l'activité sur l'environnement.

5.5. De la division du travail dans les *dioura* à la transformation du lien social

5.5.1. La division du travail dans les *dioura*

L'orpaillage suit un modèle d'organisation bien établi sur les sites. Il se fait de façon saisonnière dans le respect des coutumes selon plusieurs modes d'organisation. Les différentes tâches accomplies ne sont pas en

[35] Le code de l'environnement interdit l'importation de produits dangereux sur le territoire national conformément à la Convention de Bâle. Par cette même occasion, leur radioactivité, leur pouvoir de destruction dans l'environnement ou de concentration dans les chaînes biologiques sont susceptibles de présenter un danger pour l'homme, le milieu naturel ou son environnement. Par conséquent, ces produits dangereux doivent être soumis à un contrôle.

fonction du statut acquis, mais du statut assigné par le groupe. Ainsi, les hommes valides creusent, les femmes lavent les gravats et les enfants aident.

L'analyse de Durkheim assigne à la division du travail un rôle prépondérant dans le maintien du lien social. Son ouvrage *De la division du travail social* s'articule en effet autour de la problématique de la différenciation de plus en plus importante des sociétés et de la cohésion sociale nécessaire à leur existence. Durkheim cherche à comprendre comment l'accroissement de la taille des sociétés, ainsi que la spécialisation de plus en plus grande des groupes et des individus, peuvent exister sans que la collectivité éclate en une multitude de groupes aux intérêts contradictoires. L'intérêt individuel ne peut conduire les communautés d'orpailleurs à développer la division du travail, car cette dernière constitue un phénomène social devant être expliqué et analysé par un autre phénomène social (degré d'intégration et cohésion sociale).

Mais Durkheim, pour dépasser l'analyse « smithienne » et expliquer la manière dont l'intérêt individuel conduit au bien collectif, est obligé de se référer à l'existence d'une action invisible, voire surnaturelle.

Or, ce manque de cohérence rationnelle remet en cause l'ensemble de la justification de la division du travail technique comme fondement du lien social.

En somme, la division du travail chez les orpailleurs possède une fonction « morale » : elle produit le lien social, la solidarité et l'intégration de l'individu (orpailleur) dans un groupe social.

Cette division corporatiste et fonctionnelle du travail dans les placers est ainsi établie :

- un *diouratigui* « propriétaire de *dioura* » ;
- un *damantigui* « propriétaire de puits » ;
- des puisatiers ;
- des laveurs ;
- un représentant du ***tomboloma*** « police des mines » ;
- les transporteurs ;
- les restaurateurs.

Cependant, il faut noter que l'effectif est aléatoire, et dépend de l'importance du placer et de la richesse en or du puits (***daman***).

Cette spécialisation entraîne une interdépendance et une complémentarité dans les activités de conception et d'exécution des tâches.

5.5.2. De la nature du lien social

Dans notre zone d'étude, l'union entre les orpailleurs se réalisait par la proximité des individus et par une absence de différenciation des fonctions sociales. Ces communautés d'orpailleurs étaient des « unités absolues qui excluaient la distinction des parties » : l'unité venait de la similitude. Cette homogénéité impliquait aussi une économie collective, dans laquelle la propriété était communautaire, et où la répartition des tâches s'effectuait selon la tradition.

Aujourd'hui, les orpailleurs acquièrent une identité leur permettant de vivre indépendamment de leurs semblables, du fait des rapports autochtones/allochtones, qui se corsent davantage sur certains sites d'orpaillage comme celui de Tenkoto.

Dans ce contexte, la fonction de la division du travail est sociale, car elle intègre les individus dans la société globale. Ainsi, l'ouvrage *De la division du travail social* fut littéralement conçu pour prouver que la fonction de la division du travail dans les sociétés modernes est d'intégrer les individus en les spécialisant dans des activités complémentaires et symbiotiques. La complémentarité ou coopération technique et fonctionnelle des tâches permet à chaque orpailleur de rendre utile son travail en fonction de celui d'autrui (coopération). En ce sens, la division du travail produit en même temps la différenciation sociale ne devant pas être perçue comme un phénomène d'aliénation.

Les orpailleurs peuvent exercer des activités distinctes : ils se différencient par leur rôle et cette indépendance nouvelle est une condition de leur liberté individuelle. Le passage de la société traditionnelle (tradition) à la société moderne (changement) produit une modification de la solidarité sociale. Le changement social transforme les relations entre les orpailleurs, car les fonctions et les réseaux relationnels se modifient, provoquant une remise en question des formes anciennes de lien social et de solidarité. La solidarité mécanique propre à la communauté cède la place à la solidarité organique (dans la mesure où les orpailleurs sont liés entre eux) propre à la société et à la division du travail social la caractérisant.

L'analyse d'un tel mouvement doit respecter la règle essentielle de la méthode durkheimienne préconisant l'explication d'un fait social par un fait de même ordre. L'analyse de Durkheim, exprimant l'idée selon laquelle trois éléments interviennent pour opérer le passage des sociétés segmentaires (où prévaut la solidarité mécanique), aux sociétés complexes (où la solidarité est organique), nous semble pertinente et adaptable à notre réflexion : **le volume de la société** (le nombre d'orpailleurs), **la densité matérielle** (le rapport du nombre d'orpailleurs par rapport aux sites) et **la densité morale** (l'intensité des communications et des échanges sur les sites d'orpaillage).

De ces trois éléments, seul le dernier doit être défini avec précision. La densité morale dans le cadre de notre recherche sur les orpailleurs représente le nombre de relations qui existent entre ces derniers. Elle est fondée sur le développement de la division du travail, qui produit une spécialisation rendant obligatoires les échanges. Les orpailleurs doivent alors s'informer, communiquer entre eux, accroître leurs relations. Plus les échanges seront nombreux, plus la densité morale sera forte, car les liens interindividuels seront développés. C'est dans cet ordre d'idées que Durkheim soutient :

> On peut formuler la proposition suivante : l'idéal de la fraternité humaine ne peut se réaliser que dans la mesure où la division du travail progresse. [...] Mais si la division du travail produit la solidarité, ce n'est pas seulement parce qu'elle fait de chaque individu un échangiste, comme disent les économistes ; c'est qu'elle crée entre les hommes tout un système de droits et devoirs qui les lient les uns aux autres d'une manière durable [...] la division du travail ne met pas en présence des individus, mais des fonctions sociales.

CHAPITRE VI

LES ENJEUX DE L'ORPAILLAGE

Les sites d'orpaillage constituent des espaces de sociabilité, avec une forte capacité humaine à fonder des groupes, des unités actives aptes à engendrer des mutations profondes et rapides. Les mutations sont d'ordre économique, social et culturel. Avec la persistance de la pauvreté et de la précarité dans les zones d'orpaillage, de multiples dynamismes sont à l'œuvre. Ces processus de changement annoncent, certes, des mutations positives, mais restent toujours gangrenés par des risques d'insécurité alimentaire, de vulnérabilité sociale, aggravés par des inégalités dans la répartition aussi bien des revenus que des rapports sociaux. Ces processus de changement ont favorisé l'émergence d'un *rationalisme* que Max Weber considère comme caractéristique de l'ère moderne, avec l'expansion du secteur économico-social des communautés historiques.

6.1. Orpaillage et rationalité

Dans le cadre de notre recherche, nous avons noté le passage d'un système de travail et de production fondé sur la croyance, sur le sentiment d'appartenance à un même groupe (*communalisation*) et une volonté de pérenniser une pratique séculaire, à une attitude économique orientée vers la satisfaction des besoins immédiats. Ce changement de paradigme nous autorise à réfléchir sur la rationalité de cette pratique socioéconomique. Hannah Arendt[36] définit la sphère économico-sociale comme reposant essentiellement sur la lutte organisée contre la nature, l'organisation méthodique du travail et la rationalisation des rapports entre production, circulation et consommation. Hannah Arendt caractérise la société moderne comme celle pour qui cette lutte, jointe au primat donné au « calcul » et à « l'efficacité », tend à devenir le nouveau sacré. « Une société qui se définirait entièrement par l'économie serait une société totalement profane ». La rationalité est un concept opératoire pouvant rendre compte de l'action sociale des orpailleurs. Traditionnellement, l'action des orpailleurs était par rapport

[36] ARENDT (H.), *La condition de l'homme moderne*, Paris, Calmann-Lévy, 1961, rééd. 1983.

à des valeurs. L'orpailleur traditionnel trouvait dans l'orpaillage un moyen de s'identifier à son groupe d'appartenance, dans le strict respect des valeurs, us et coutumes en vigueur de génération en génération. Aujourd'hui, il y a une « crise » des valeurs doublée d'une crise des motivations. Les orpailleurs des temps modernes ont des motivations autres. Mais quelles sont ces motivations ? L'orpaillage est aujourd'hui devenu un gagne-pain, une activité génératrice de revenus, qui mobilise des milliers de personnes en provenance de milieux et d'horizons divers. Ces personnes sont motivées par un appât du gain facile : la seule valeur étant l'argent. Mais leur action est-elle pour autant rationnelle ? De prime abord, nous pouvons répondre par l'affirmative, d'autant qu'il y a de surcroît une adaptation des moyens aux fins. Autrement dit, il y a *une cohérence dans les actions planifiées au vu de la connaissance d'un domaine, des buts recherchés*. En cohérence avec cette définition, nous pouvons souligner que la notion de rationalité chez les orpailleurs est devenue aujourd'hui une rationalité *instrumentale*, ou rationalité liée à des *buts* et objectifs précis (recherche de gains). Cette approche, bien que perceptible sur le terrain, n'est pas la seule susceptible de lui correspondre. En effet, la définition précédente présente la rationalité comme une cohérence des actions ; l'enjeu va être de savoir par rapport à quoi les actions doivent être cohérentes. On peut faire apparaître dès lors une première distinction importante entre rationalité axiologique (ou encore rationalité par rapport à des valeurs) et la rationalité instrumentale, pour abonder dans le même sens que Weber.

La notion de rationalité axiologique postule que cette cohérence se fait par rapport aux *valeurs* et aux impératifs que l'orpailleur se donne.

Raymond Boudon voulant dépasser les explications des phénomènes sociaux basées sur des notions telles que coutumes, mentalités, traditions, va tenter d'apporter des explications fondées sur la compréhension de la formation des comportements individuels en s'interrogeant sur « les bonnes raisons » ayant conduit tel ou tel sujet à adopter tel ou tel comportement. Max Weber a tenté de faire une typologie des activités selon leurs objets. Cette typologie permet d'éviter le recueil de la multiplicité des raisons et des motivations, données ou attribuées aux orpailleurs (agents sociaux). Il existerait quatre rationalités possibles de l'action sociale des orpailleurs. La rationalité instrumentale (rationalité en finalité) ordonne les objectifs et les moyens les mieux adaptés aux buts poursuivis. Il s'agit pour l'orpailleur d'atteindre les buts qu'il s'est fixés avec une efficacité optimale ou de croire, avec les informations dont il dispose, qu'il emprunte une méthode efficace. La rationalité axiologique (rationalité en valeur) oriente les actions selon des valeurs subjectivement retenues comme raisons légitimes ou fins ultimes pour agir. L'orpailleur ne se préoccupe alors pas des résultats de l'action (orpaillage) ni des moyens utilisés (technique rudimentaire). Il recherche la valeur pour elle-même. La tradition et l'émotion constituent deux autres explications possibles des actions sociales des orpailleurs. Elles présentent pour Weber un aspect irrationnel et mécanique. Il s'agit de types idéaux, et ces rationalités se chevauchent pour l'acteur lui-même quand il agit et pour l'observateur quand il interprète une action. Ces actions sociales engendrent des formes de relations sociales. Ces relations se pérennisent autour d'activités et d'institutions différenciées. Ce qui favorise « l'insatisfaction »[37] de l'orpailleur moderne.

6.2. Le revenu des orpailleurs

Analyser les conditions de vie et d'existence des orpailleurs en termes de revenus consiste à voir si les ressources financières existantes tirées de l'activité d'orpaillage bénéficient aux différents acteurs. Dès lors, il convient de voir le mode d'allocation des revenus, la destination des investissements et leurs effets sur le niveau de vie des orpailleurs.

6.2.1. Répartition selon le revenu mensuel des orpailleurs

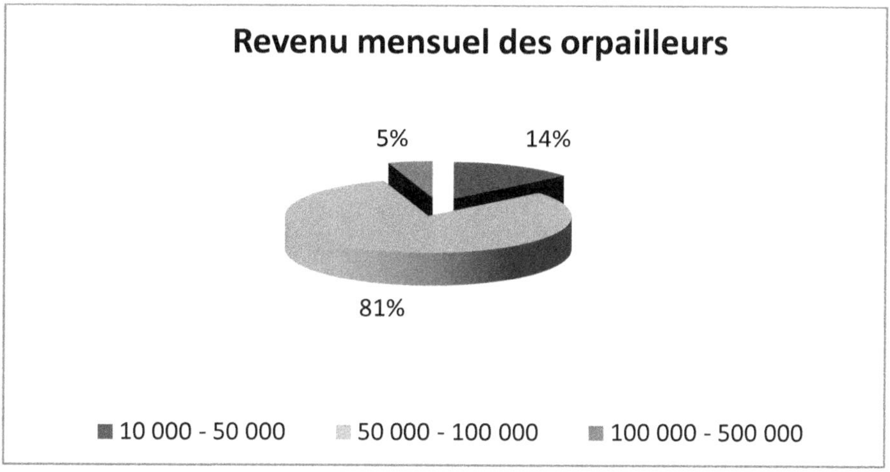

[37] WEIL (E.), *La philosophie politique*. Selon l'auteur, l'individu dans la société moderne est entièrement insatisfait, parce qu'une société, conçue uniquement en terme économique est essentiellement une société de lutte, de la compétition, où les individus sont empêchés d'accéder aux fruits du travail, une société où les couches et les groupes s'affrontent sans arbitrage.

Le revenu constitue un indicateur de taille pour apprécier le niveau de vulnérabilité des orpailleurs ainsi que celui de leur ménage.

Dans la figure ci-dessus, nous pouvons remarquer que 81% des orpailleurs gagnent en moyenne entre 50 000 et 100 000 francs CFA. Ce revenu est non négligeable aux yeux de certains orpailleurs qui pensent que cet argent peut « boucher des trous » et permettre une bonne préparation de la saison agricole.

À ce sujet, les propos de cet orpailleur du site de Tomboronkoto nous semblent édifiants :

> [...] si on gagne 100 000 francs CFA, c'est quelque chose ! On peut acheter un bœuf pour les cultures, on peut augmenter nos semences car nous sommes dans une zone pluvieuse. Également, on peut manger ce qu'on veut [...].

Toutefois, les revenus peuvent varier entre 100 000 et 500 000 francs CFA. Dans cette catégorie, 5% de notre effectif s'y retrouve. C'est dans cette catégorie que se situe la majorité des orpailleurs en provenance du Mali. Ils sont réputés forts en techniques d'orpaillage et en « négoce ». Il faut cependant faire remarquer que les revenus sont aléatoires, varient d'un site à un autre. De même, 14% des orpailleurs ont un revenu compris entre 10 000 et 50 000 francs CFA par mois. C'est dans cette catégorie que l'on retrouve beaucoup de femmes, car il y a une disparité de revenu par sexe. Les femmes se consacrent pour l'essentiel au lavage des gravats, et gagnent 2 000 francs CFA par bassine de terre aurifère à laver. Elles peuvent laver entre une et trois bassines par jour et gagner au moins 20 000 francs CFA par semaine (lundi et vendredi étant exclus).

Sur le site de Laminia, le fils du chef de village, lui-même orpailleur, nous raconte :

> Au mois de mars 1997, une femme du nom de Fatou Diankha ramasse une roche aurifère d'environ 6,5 kg. Très euphorique et très attirée par le gain immédiat, elle va la vendre à 8 millions aux touristes, venus pour une campagne de chasse. Son fils, étudiant en droit à l'université de Dakar à l'époque, informé de cet événement majeur, vient immédiatement pour s'enquérir des transactions avec les *Toubabs* (*Toubabo* en diakhanké), et se met aussitôt à la recherche des touristes, qu'il finit par retrouver. L'étudiant, non content de cette

vente, qu'il considère comme un bradage, restitue l'argent et récupère l'or qu'il revend à 30 millions. [...] Depuis lors, la famille de F. Diankha devient riche et l'étudiant part en France pour continuer ses études. [...] L'or peut créer de nouveaux riches en peu de temps.

De même, les chefs de *dioura* (*diouratigui*) ont également des revenus qu'il faut également appréhender.

6.2.2. Répartition du revenu mensuel des chefs de *dioura*

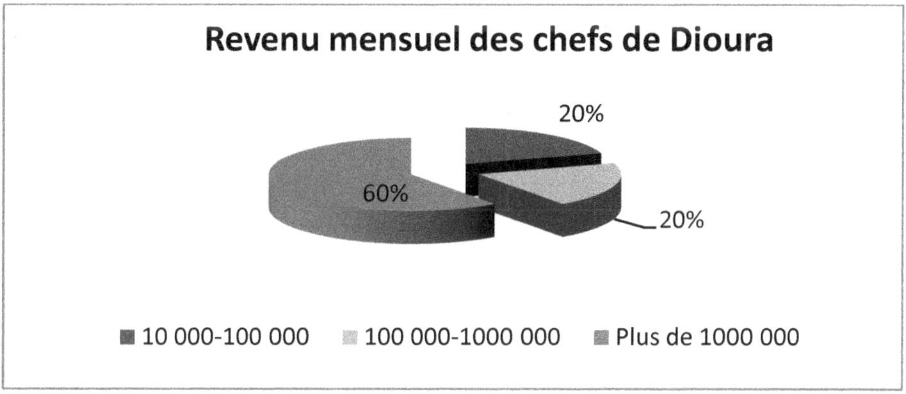

Le revenu mensuel des chefs de *dioura* est le plus important. Sur les 8 chefs de *dioura* rencontrés, 60% perçoivent plus d'un million. Le chef de *dioura* est le patron du site et son mode de rémunération est régi suivant les coutumes locales en vigueur. Il est l'autorité centrale chargée du maintien de l'ordre et de la discipline sur le site. Pour chaque puits creusé, il a sa part. S'il s'agit d'exploitation de type filonien, les orpailleurs réservent au *diouratigui* son tas avant de procéder au partage du reste. Il est fréquent de trouver des sites qui regorgent de puits allant de 10 à 30 au minimum et le chef de *dioura* ayant sa part pour chaque puits creusé. D'autres chefs de *dioura* peuvent gagner entre 100 000 et 1 000 000 de francs CFA, ils sont 20% dans notre échantillon. Ce mode de rémunération des *diouratigui* pose souvent quelques difficultés pour certains orpailleurs, qui le trouvent « inégalitaire ». Ils considèrent que ceux qui travaillent le plus gagnent le moins. Lors de nos entretiens, un chef de *dioura* très en verve nous confie :

> Sans nous les *diouratigui*, l'orpaillage serait impossible. Il faut de l'ordre sur les sites. Les *diouratigui* d'avant gagnaient beaucoup plus que ceux d'aujourd'hui, parce que les orpailleurs étaient à l'époque plus disciplinés et plus respectueux des traditions. [...] Regardez aujourd'hui les étrangers, notamment les Maliens ! Ils viennent avec des pratiques de malfaiteurs, trompent les gens, draguent les femmes et fillettes de moins de 18 ans, et pourtant, selon leur entendement, nous sommes de fait leurs ennemis jurés ! Pourquoi certains rouspètent-ils pour ce que nous gagnons ?

Dans une perspective veblenienne, nous pouvons assimiler la « *classe des chefs de dioura* » (*diouratigui*) à la classe dite « *oisive* », qui proclame sa supériorité en dépensant ouvertement de façon subtile ou criarde.[38] Cette classe est caractérisée par l'ostentation et le moindre effort dans l'accumulation des richesses. La classe oisive des *diouratigui* n'est pas en tant que telle constituée d'orpailleurs oisifs (elle est constituée de membres actifs de la communauté), mais le « travail » de ses membres est totalement « prédateur ». Les chefs de *dioura* s'emparent des richesses par une ruse légitimée par le mode d'organisation traditionnelle des sites d'orpaillage et ne participent nullement à la production de l'or obtenue par le labeur ou l'habilité. La « *classe oisive* » tire donc profit de la communauté des orpailleurs, sans lui rendre aucun service d'ordre productif en retour, mais elle le fait avec l'approbation pleine et entière de cette communauté.

Le paradoxe sur les sites d'orpaillage est que cette « *classe oisive* » des chefs de *dioura* est considérée non comme une classe « d'accapareurs de richesse naturelle », mais comme une classe d'hommes intègres.

[38] VEBLEN (Th.), *La théorie de la classe de loisir*, Paris, Gallimard, 1970.

Encadré 2

Je m'appelle Kaba Tounkara, j'ai 45 ans et j'habite Massa-Massa. Je suis dans l'orpaillage depuis l'âge de cinq ans, car je venais avec ma mère sur les sites pour jouer avec mes amis avec la glaise.

J'ai été à l'école de Kédougou, mais malheureusement, j'ai été exclu, parce que je m'étais présenté trois fois à l'entrée en sixième sans succès.

J'avoue que je passais énormément de temps dans les placers et je ne venais pas régulièrement à l'école : la saison coïncide avec la rentrée des classes.

Aujourd'hui, tout cela est un vieux souvenir, je ne me plains pas du tout, car l'orpaillage a fait de moi ce que je suis devenu aujourd'hui : chef de *dioura*.

Avec mon statut de chef de *dioura*, j'ai construit ma maison, j'ai épousé une seconde femme, et j'ai aidé mon jeune frère à tenir une boutique.

Ce que je déplore, c'est le manque de moyens pour sortir tout cet or des placers ; car du fait de la faiblesse des moyens, le taux de récupération de l'or est minime.

Le développement du pays doit passer par cet or, qui n'est pas un don des bailleurs, mais celui de Dieu.

6.3. La commercialisation de l'or

La vente de l'or s'effectue aujourd'hui de façon libre. Il n'y a pas une réglementation spécifique quant à la commercialisation de l'or.

L'or recueilli peut être troqué sous la forme minérale contre des céréales ou des produits manufacturés ou alors vendu à l'occasion du *luma* « marché hebdomadaire » de Mako à plus de 5 000 francs CFA le gramme.

Les prix sont en fonction de la qualité du produit et varient entre 4 000 et 8 000 francs CFA le gramme. Les acheteurs sont généralement des bijoutiers et des commerçants communément appelés « Baol-Baol », venus de Dakar. On trouve également des acheteurs en provenance de Kédougou, de Tambacounda et même du Mali ou de la Guinée.

À l'occasion des *luma* « marchés hebdomadaires », les acheteurs déposent l'argent auprès des commerçants du site de Mako qui, au fil des jours, achètent l'or que leur proposent les orpailleurs. Les femmes utilisent aussitôt cet argent pour l'achat de denrées alimentaires ou de produits domestiques.

Aussi les quantités d'or recueillies par les exploitants sont-elles souvent achetées par des intermédiaires à la solde d'un commerçant qui stocke l'or pour le revendre à l'extérieur du pays. L'écrasante majorité de ces « gros commerçants » sont des Maliens.

Néanmoins, le nombre de plus en plus grand d'orpailleurs favorise la multiplication des circuits de commercialisation et les fraudes, qui en découlent, font que l'État sénégalais tente actuellement d'organiser cette activité. Le prix de l'or comme nous l'avons vu plus haut dépend de sa qualité.

On trouve deux catégories d'or sur les sites :

- l'or produit dans l'argile communément appelé « ***nara*** » « **or jaune** » est plus apprécié. C'est cette qualité qui est exploitée dans l'ensemble des sites d'orpaillage. Il s'achète en moyenne à 5 000 francs CFA le gramme et parfois sans marchandage ;
- par contre, l'or tiré des filons de quartz, moins apprécié, s'exploite surtout dans les placers situés aux alentours de la communauté rurale de Khossanto. De couleur jaune-ocre, cet or peut se vendre en moyenne à 4 500 francs CFA le gramme.

Par ailleurs, le coût de l'or fluctue en fonction des périodes. En saison sèche au moment où les productions sont plus importantes, les prix baissent. Mais en hivernage, ils enregistrent une hausse. Par exemple, pour le ***nara***, les prix peuvent descendre jusqu'à 4 750 francs CFA le gramme en saison sèche et remonter jusqu'à 8 000 francs CFA le gramme en saison pluvieuse.

Photo 18 : Trébuchet pour peser l'or, site de Bantanko

À la fin du travail vers 18 heures, les orpailleurs vendent leurs productions journalières à des commerçants, venus dans les placers, munis de leurs balances. Quelques-uns réservent une partie de leur production, tandis que d'autres sont obligés de vendre une certaine quantité pour leurs besoins organiques.

En réalité, la quasi-totalité des gains est consommée sur place, car les articles de commerce qu'on y vend et même la nourriture coûtent très chers. Par exemple, un litre d'huile coûte 1 000 francs CFA, un kilogramme de poisson coûte 500 francs CFA, le kilogramme de riz 300 francs CFA. Cette situation plonge certains orpailleurs dans le cercle vicieux du système de crédit qui frise l'usure. Les orpailleurs ayant épuisé leurs ressources s'endettent à des taux usuraires. À la fin du travail, s'ils gagent une certaine somme d'argent, ils sont obligés de venir payer leurs arriérés et de s'endetter de nouveau. Ils entrent dans un cycle infernal d'endettement et de remboursement.

6.4. De la consommation chez les orpailleurs

Le constat qui se dégage est que les orpailleurs ne thésaurisent pas ou, du moins, leur thésaurisation est limitée au temps que dure la saison d'orpaillage.

Ils utilisent leurs revenus en fonction des besoins pressants. Leurs ménages sont des ménages alimentaires.

L'orpaillage étant une activité de survie individuelle et familiale, l'argent qu'il génère est généralement utilisé pour alimenter des besoins organiques, mais aussi des besoins de prestige social. Nous retrouvons les caractéristiques de l'économie de subsistance telles que définies par Meillassoux[39], où la cohésion des groupes reste forte autour d'une « communalisation » des activités de subsistance.

Si les groupes ethniques vivent ensemble, chacun a une organisation sociale spécifique qui définit la forme de l'organisation économique. Ainsi, alors que leurs caractéristiques sociodémographiques similaires laisseraient à penser que les charges économiques qui pèsent sur les femmes sont les mêmes, l'analyse de leur organisation économique démontre la cohabitation de deux modèles d'organisation économique. Ces différences économiques peuvent être rapprochées des structures sociales liées à chaque ethnie et dans lesquelles les femmes ont des statuts et rôles spécifiques. Les femmes sont présentes dans l'organisation économique familiale et prennent ainsi en charge certaines dépenses du budget familial, notamment les dépenses liées à l'alimentation. C'est pourquoi elles pratiquent l'orpaillage et le petit commerce comme activités principales. Ces activités leur procurent de faibles revenus, elles multiplient donc les activités secondaires dans le but de multiplier ces derniers. La pluriactivité est une obligation pour ces femmes dans la mesure où elles assurent une partie des dépenses de santé, de nourriture, d'éducation et d'habillement.

Les femmes consacrent l'essentiel de leurs revenus (en nature ou en argent) à la famille notamment pour la prise en charge de leurs enfants.

Elles sont dans une logique économique d'autosubsistance. Dans les autres ethnies, notamment les Peuls de la Guinée, les femmes pratiquent plus souvent des activités procurant un revenu monétaire (commerce, culture de rente). Ces femmes ont des activités dont les revenus sont prévus pour des dépenses plus personnelles (transports) et des dépenses secondaires (habillement). Toutefois, chaque groupe ethnique développe son modèle d'organisation économique spécifique. Ces organisations différentes s'expliquent par des organisations économiques différentes selon les ethnies. Du fait de son histoire, de sa culture, chaque ethnie a développé des niches économiques où les orpailleurs s'insèrent et y développent leurs propres logiques.

---

[39] MEILLASSOUX (C.), *Anthropologie économique des Gouro de Côte d'Ivoire*, Paris, Mouton, 1964.

Structure des dépenses des orpailleurs

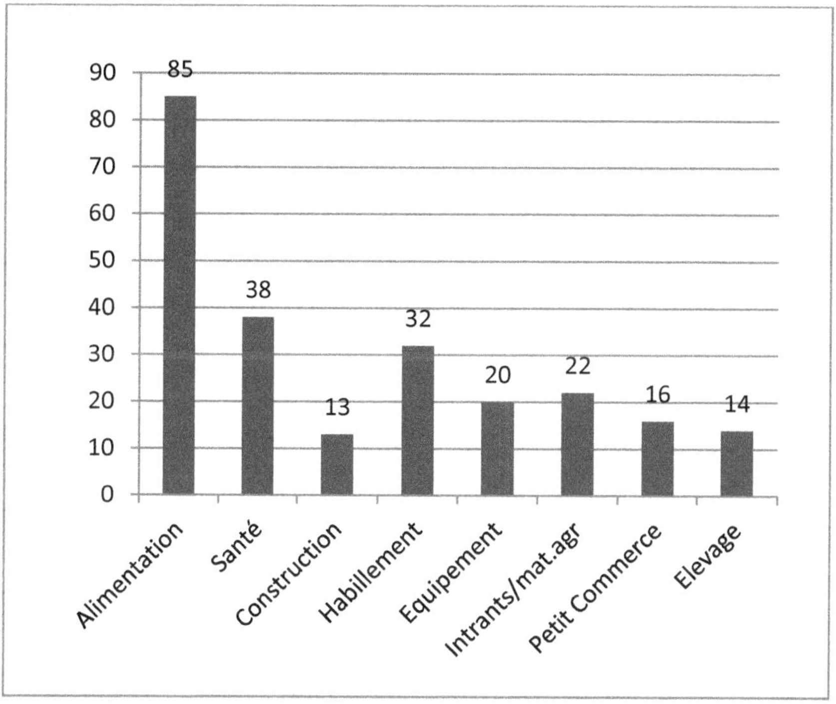

6.4.1. De la nature des dépenses des orpailleurs

La plupart du revenu généré est versé dans le foyer pour assouvir aux besoins naturels ou **organiques**. Les orpailleurs vivent une pauvreté économique et une vulnérabilité sociale sans précédent. Pour amoindrir le risque lié à leur vulnérabilité, et par là, retarder le choc (matérialisation du risque), **35%** se maintiennent en vie en remplissant leur grenier de denrées alimentaires de première nécessité (riz, mil, sucre, etc.). Ils sont plus préoccupés par la sécurité alimentaire et sanitaire, car on remarque un fort taux de maladies diverses généralement dues à l'insalubrité, après chaque période d'orpaillage.

Ces zones n'ayant aucune structure sanitaire, les populations se voient contraintes de se déplacer vers les villes de Kédougou ou de Tambacounda pour bénéficier de soins. Elles souffrent souvent d'asthénie, d'affection respiratoire, de diarrhée parfois chronique. Ce qui fait qu'une bonne partie du revenu est dépensée pour des raisons de santé (**16%**).

S'agissant maintenant des besoins d'ordre ostentatoire ou de **prestige social**, nous pouvons noter les dépenses dans la construction de bâtiment (**5%**), l'équipement du foyer (**8%**) dans l'achat de poste radio, lits, armoire, etc. « Avec l'orpaillage, je suis passé d'un type d'habitat à un autre ; de la case en paille, je suis passé à un bâtiment flambant neuf, de trois pièces », révèle M. Keita, orpailleur de 35 ans, résident à Bantanko. Ibrahima Cissokho, quant à lui, pense que l'orpaillage peut faire de l'individu un nouveau riche. C'est grâce à l'orpaillage qu'il roule avec une moto communément appelée « *Wancù* », achetée à 350 000 francs CFA.

Certains orpailleurs (**9%**) achètent du matériel agricole (charrues, intrants, etc.) pour mieux préparer la saison qui coïncide avec la fin des activités d'orpaillage ; d'autres, dans le cadre du petit commerce, tiennent des boutiques où ils vendent denrées, quelques articles et vêtements (**7%**).

En revanche, d'autres (**13%**) dépensent leurs sous en achetant des vêtements, en allant des fois jusqu'en Gambie et jouer avec la parité monétaire. L'élevage constitue pour les orpailleurs l'un des secteurs les plus rentables pour fructifier leur argent. C'est pourquoi certains orpailleurs (**6%**), à la fin de chaque saison, achètent des bovins pour s'en servir lors du labourage des champs, mais également dans l'optique d'être détenteurs de troupeau. Cette conception, tous les orpailleurs ne l'ont pas, car pour d'autres, l'argent de l'orpaillage n'a pas de baraka. Autrement dit, cet argent est condamné à être improductif, quand on sait que l'or est une affaire de djinns. En effet, selon une orpailleuse de Tenkoto :

> L'argent de l'or s'en va comme le cendre soulevé par le vent [...] c'est pourquoi je n'ose pas le garder longtemps, je préfère acheter des objets de valeurs avec cet argent (sic).

Nous voyons là tout un système de croyances et de représentations socioculturelles et mentales, liées à l'or et à son usage.

Ces « rapports à des valeurs » (*Wertrationalitat*), pour reprendre l'expression de Max Weber, nous autorisent à cerner les contours de l'impact des dépenses dans la dynamique locale de développement.

Comme nous pouvons le comprendre, depuis Max Weber nous savons que l'action par rapport à des valeurs enkystées (*embedded*) dans des communautés humaines concrètes, comme celle des orpailleurs, peut s'avérer aussi rationnelle que l'action par rapport à des buts.[40]

---

[40] WEBER (M.), *Économie et société*, chapitre 3, Paris, Plon, 1971.

Ces deux formes de rationalité sont deux choses tout à fait différentes en dépit du fait qu'elles sont finalement indissociables. C'est donc dire que les raisons axiologiques ne sauraient se confondre avec les raisons instrumentales, même si les deux types de raisons sont associés dans la vie sociale des orpailleurs ou même dans la démarche qui consiste à choisir tel moyen pour atteindre telle fin.

Les conduites ostentatoires des orpailleurs ou certains styles dispendieux dans la satisfaction des besoins non pressants seraient-ils objectivement non rationnels au regard de la pauvreté économique de la zone ?

Ils se laissent néanmoins formuler en termes logiques tout à fait compréhensibles, en référence aux valeurs sui generis à la pratique de l'orpaillage. Les comportements les plus déraisonnables des orpailleurs obéiraient à des règles qui ordonnent les relations entre ces communautés d'orpailleurs ; ce qui confirme notre deuxième hypothèse.

6.4.2. L'impact des dépenses sur la dynamique locale de développement

L'idée de développement, dont nous essayons de cerner les contours, et qui se laisse difficilement circonscrire, renvoie à quelques préoccupations d'ordre écologique, car la vie humaine est liée à celle de la nature. Les stratégies de développement, qui favorisent la préservation des ressources, sont possibles, à condition de compter sur le savoir-faire local des orpailleurs avant de compter sur celui des autres. La dynamique locale de développement est un processus de développement aux dimensions locales, donc endogènes. Elle implique les orpailleurs comme acteurs qui, tout en participant à l'activité saisonnière d'orpaillage, ambitionnent, à partir de la mobilisation des revenus générés par l'orpaillage, de réaliser l'émergence d'un développement endogène ou à la base. Et ce en s'appuyant sur les configurations socioculturelles du milieu comme ressorts de l'action participative des orpailleurs. Ainsi, si la masse de revenus générés par l'orpaillage profite aux orpailleurs au niveau local, nous pourrons

L'économie propose en effet une théorie bien articulée de la rationalité, celle héritée de la tradition économique néo-classique, qui veut que l'action vise la maximisation de la différence entre avantages et coûts qu'elle entraîne pour le sujet. Les auteurs américains la désignent par l'expression de 'rational choice model', ou modèle de l'utilité espérée.

souligner que dans ce cas, les orpailleurs entrent dans une dynamique de développement communautaire. De là, nous pouvons comprendre les mécanismes de recomposition des différents villages abritant les sites, en termes de changements opérés moyennant les investissements, à travers une trajectoire organisationnelle d'un développement communautaire, où s'affrontent des initiatives individuelles et collectives produites par les orpailleurs eux-mêmes.

À la lumière de la structure des dépenses, force et de constater le dynamisme insoupçonné des orpailleurs qui ont en réalité un « **esprit d'investissement** ». Cet esprit est guidé par un **ethos**[41], des valeurs à l'état pratique qui règlent leur conduite quotidienne. L'investissement, même s'il n'est pas rationnellement pensé au début, entre subrepticement dans cette dynamique de développement local. L'investissement absorbe une bonne partie du revenu des orpailleurs, aussi bien dans l'agriculture, l'élevage que le commerce. Dans cet ordre d'idées, un jeune orpailleur d'une trentaine d'années nous précise :

> [...] la saison dernière, j'avais rassemblé une somme de deux cent soixante-quinze mille francs (275 000 francs CFA), et je me suis associé avec mon frère qui avait gardé en lui deux cent mille francs (200 000 francs CFA), et nous avons ouvert une boutique ; ma sœur a préféré acheter une paire de vaches à cent soixante mille francs (160 000 francs CFA).

Toutefois, nous pouvons noter que « l'esprit d'investissement », bien que vivace chez les orpailleurs, se traduit par des investissements de type « improductif » ou de productivité limitée à l'espace communautaire. Investissements improductifs, parce que souvent trop personnels ou alors restreints à la cellule familiale de l'orpailleur. Ces investissements permettent d'accroître la richesse de l'orpailleur et d'améliorer considérablement son niveau de vie, celui de sa famille, et intensifient les relations économiques de sa communauté.

Nous n'emploierons ici le terme économie que lorsque, en face d'un besoin ou d'un faisceau de besoins, l'étendue des moyens et le nombre des actes propres à les satisfaire sont considérés par l'orpailleur, qui

[41] Dans le premier sens, ethos peut être opposé à éthique. Le terme désigne alors les principes ou valeurs à l'état pratique, la forme intériorisée et non consciente de la morale, qui règle la conduite quotidienne. On rencontre cette notion chez Weber, lorsqu'il cherche à comprendre les relations entre protestantisme et capitalisme.

cherche à y parvenir comme relativement *limités* (Knapp), et que cet état de choses engendre un comportement qui tienne compte des conditions ainsi créées.[42]

Une activité économique peut avoir deux sortes de mobiles : elle peut d'abord avoir pour but de couvrir des besoins personnels donnés (besoins organiques ou matériels) ; mais également être dirigée vers le profit, c'est-à-dire qui tend à exploiter la quantité des biens non renouvelables et convoités (or), en disposant de ceux-ci pour s'assurer un gain personnel.

Toutefois, nous pouvons faire remarquer, dans une perspective wébérienne, que l'activité des orpailleurs en société peut avoir avec la vie économique des rapports divers.

L'activité sociétaire (***Gesellschaftshandeln)*** peut, selon l'angle sous lequel la regardent les orpailleurs qui y participent, tendre à des résultats purement économiques : gain ou satisfaction des besoins. Cette activité fonde alors une communauté économique (***Wirtschaft-gemeinschaft)***, ou communautés économiquement actives qui ne peuvent qu'être un moyen dont on se sert à l'effet d'obtenir des résultats d'un autre ordre.

6.5. Orpaillage et développement durable

Les approches concernant l'orpaillage ou « mine artisanale » sont diverses et parfois même opposées. Si d'aucuns sont favorables au développement de cette activité, d'autres en revanche soutiennent le contraire eu égard aux effets néfastes qu'elle engendre souvent, et la disparition de certains placers jadis riches en or.

Avant d'examiner la problématique du développement durable, voyons d'abord dans quelle mesure ces principes sont applicables au cas du développement de l'orpaillage dans notre zone d'étude.

La **conférence mondiale de Stockholm** pose les bases du débat sur les interrelations entre le développement humain et la protection de l'environnement en introduisant la théorie selon laquelle la croissance de la population et des niveaux de vie serait à terme limitée par l'épuisement des ressources naturelles (Meadows, 1972).

En identifiant ce facteur limitant, D. Meadows définit les contours d'une réflexion sur le développement durable. Le concept n'apparaît

---

[42] WEBER (M.), « L'organisation et la puissance de la société dans leur rapport avec l'économie », dans *Économie et société, op. cit.*

donc clairement dans les textes institutionnels qu'à partir de 1987 avec le rapport Brundtland, qui établit la définition suivante :

> Le développement durable est un développement qui répond aux besoins des générations présentes, sans compromettre la capacité des générations futures à répondre aux leurs.

La notion de développement durable va ensuite s'affirmer lors du sommet de Rio en 1992 avec l'adoption d'un plan global d'action au travers des Agendas 21 puis lors du sommet de Johannesburg en 2002 avec la confirmation d'une volonté de s'acheminer vers une nouvelle démarche sociale, économique et environnementale permettant de faire évoluer les rapports Nord-Sud.

L'exploitation artisanale de l'or ou encore l'orpaillage peut paraître contradictoire avec les principes du développement durable. Peut-on envisager ne pas compromettre les besoins des générations futures dans les couloirs d'orpaillage de la zone de Kédougou, alors qu'on épuise aujourd'hui l'or dans cette zone, de manière irréversible ?

En fait, de nombreux économistes considèrent, compte tenu de l'importance des capitaux générés par l'orpaillage, que le potentiel de réinvestissement pour un développement local durable est considérable.

Toutefois, le problème du développement de l'exploitation artisanale de l'or s'avère bien plus complexe qu'il n'y paraît. Les logiques qui sous-tendent le développement dans ce secteur sont donc diverses et parfois conflictuelles.

Nous avons, d'une part, les conceptions universalistes de développement durable, mises en avant par les institutions internationales, et d'autre part, la logique de rentabilité économique mise en avant par les pouvoirs publics.

Malgré ce conflit de logique et cette image négative sur le plan social et environnemental, l'orpaillage est créateur de revenus et contribue à la survie voire, dans certains cas, au développement économique et social d'un nombre croissant de communautés et territoires déshérités.

Les actions de développement ne pourront prospérer que si elles intègrent la dimension socioculturelle généralement laissée en rade par des économistes « développeurs » qui croyaient pouvoir s'en passer, ou tout bonnement en faire un succédané ayant pour fonction d'édulcorer la potion « économiciste ».

C'est dans cet ordre d'idées que Souleymane Bachir Diagne[43] soutient « qu'on ne peut pas avoir économiquement raison si on a socio-culturellement tort ».

S'appuyant sur une main-d'œuvre abondante et peu qualifiée, l'orpaillage constitue un filet de sécurité en fournissant une occupation et des revenus à des jeunes de plus en plus désœuvrés et marginalisés. Il permet notamment de limiter l'exode rural en maintenant une activité dans cette zone considérée comme un « bout du monde ». D'après Holloway (1995), ce secteur favorise l'émergence « d'îlots de prospérité dans un océan de pauvreté ».

L'orpaillage permet de surcroît de valoriser de petits gisements non exploitables à l'échelle industrielle, voire semi-industrielle. C'est par exemple le cas de bon nombre de gisements filoniens aux alentours de Sabodala.

Des alternatives existent en principe pour tenter de combler les multiples carences du secteur artisanal et ainsi limiter ses impacts négatifs. Cependant, l'expérience a montré que des approches trop « clés en main » et sectorielles sont vouées à l'échec. Les besoins et les demandes, très spécifiques suivant les contextes, doivent être formulés par les orpailleurs eux-mêmes, après concertation étroite avec les principaux acteurs institutionnels et économiques locaux. L'action pour être efficace doit s'attaquer de front aux multiples facettes de la problématique et s'inscrire dans la durée. Le caractère participatif, intégré, global et durable de tout projet d'appui à l'orpaillage est primordial.

L'orpaillage, à la portée d'entrepreneurs locaux (orpailleurs), bien intégrés dans le tissu économique régional et très respectueux des contraintes et normes sociales et environnementales, peut servir de catalyseur et donner des résultats bénéfiques pour toute la communauté.

En somme, la place que peut prendre l'orpaillage dans le développement durable est variable. Elle dépend des enjeux du secteur sur les « **trois piliers** » du développement durable : **importance économique de l'orpaillage** (pourcentage des orpailleurs actifs et niveau de production), **impacts environnementaux** (dégradation des sols) et les **enjeux sociaux** (éducation, santé).

[43] DIAGNE (S. B.), *Introduction à la culture du développement*, Dakar, CODESRIA/FOCSIV, 1991, p. 1.

Les techniques d'orpaillage varient non pas en **sens inverse** avec la productivité et la récupération de l'or, mais en **sens direct** (plus les techniques sont adaptées, plus le taux de récupération de l'or devient élevé).

S'agissant de l'investissement, disons qu'il dépend de l'importance des revenus et de l'épargne. Toutefois, nous notons que l'épargne est presque absente dans les couloirs d'orpaillage. Il y a une consommation spontanée du revenu, en raison de la pauvreté économique et de la vulnérabilité sociale qui sévit dans ces couloirs d'orpaillage.

6.5.1. De la mine artisanale à la petite mine

Le département de Kédougou, dans lequel 80% des ménages et 89% des individus vivent en dessous du seuil de pauvreté, constitue un cas de pauvreté presque unique au Sénégal et, pourtant, il regorge des potentialités économiques énormes. L'état de pauvreté des populations est une donnée à prendre en compte dans les stratégies de leur implication en matière de gestion des ressources naturelles et de l'environnement.

S'agit-il d'un manque de responsabilité et/ou de rationalité des populations ? La question reste entière.

De notre point de vue, une autre voie est possible. Elle consiste à développer une démarche d'organisation de la filière aurifère qui tienne compte des spécificités culturelles par et depuis la base **« bottom up »** au lieu de « **top down** » comme c'est le cas aujourd'hui. Cette démarche correspond au développement endogène, respectueux des représentations de la localité en question. Le développement endogène doit nécessairement s'opérer par le glissement ou passage progressif de la mine artisanale à la petite mine. Le code minier dans son article 33 précise ce qui suit :

> La petite mine : une exploitation de gisement de petite taille, possédant un minimum d'installations fixes et utilisant dans les règles de l'art des procédés semi-industriels ou industriels et fondée sur la mise en évidence préalable d'un gisement. La détermination de la taille est fonction d'un certain nombre de paramètres interactifs notamment : la dimension des réserves, le niveau des investissements, le rythme de production, le nombre d'employés, la plus-value annuelle, le degré de mécanisation.

Pour les métaux précieux notamment l'or, est considérée comme petite mine toute exploitation, dont la capacité de traitement journalière ne dépasse pas deux cent cinquante (250) tonnes de minerai (gangue terreuse). La mine artisanale concerne les opérations menées par les orpailleurs sans notion d'échelle. Elle n'est pas réellement liée à des aspects quantitatifs ou temporels, mais s'inscrit plutôt dans une démarche spécifique qui s'apparente à une « cueillette » opportuniste. Largement informelle, elle exploite sans planification, avec des méthodes et des outils d'extraction et de traitement souvent ancestraux et rudimentaires, une ressource mal connue : l'or.

L'artisanat reste pour beaucoup d'orpailleurs une activité de subsistance saisonnière, complémentaire de l'agriculture, lorsque celle-ci ne suffit plus.

Il rentre fréquemment dans une stratégie rurale de pluriactivité comme en témoignent ci-dessous les propos du chef de village de Sabodala :

> L'orpaillage procure des rentrées d'argent au bon moment [...] avec l'argent de l'or, nous préparons la saison agricole en achetant les semences et tous les intrants nécessaires à une bonne saison agricole. D'aucuns achètent des vaches pour labourer les terres [...] l'orpaillage et l'agriculture sont deux mamelles fécondes pour nous.

La petite mine *stricto sensu* présente un profil de type « entreprise ». Reconnue sur le plan administratif, elle possède un minimum d'installations fixes et d'engins mécanisés, et exploite de façon planifiée à l'aide de procédés semi-industriels un gisement de taille modeste préalablement reconnu.

Si la région connaît jusqu'à présent un déficit chronique en petites mines, faute de moyens et de volonté politique, on observe en revanche une expansion massive de la mine artisanale, depuis la fermeture de EXIMCOR.

La mine artisanale connaît un véritable « boom » depuis une vingtaine d'années dans la plupart des pays de la sous-région pratiquant l'orpaillage. Toutefois, les pays africains font de plus en plus appel à l'expertise étrangère pour développer la filière dans une perspective « économiciste ». Il s'agit là d'une rationalité héritée de la tradition économique néo-classique, qui veut que l'action vise la maximisation de la différence entre avantages et coûts qu'elle entraîne pour l'État. Ce modèle du choix rationnel ou encore « modèle de l'utilité espérée » est aujourd'hui jugé trop rigide pour être applicable dans les pays en développement.

Ce phénomène résulte largement de la paupérisation soutenue de populations confrontées aux catastrophes naturelles et des difficultés économiques.

L'optimisation du secteur passe nécessairement par des actions à long terme d'éducation, de sensibilisation, de formation et d'accompagnement dans les domaines clés de l'humanitaire, de l'assistance technique et de l'accès au financement.

> Nous les femmes de Tenkoto, nous avons un lien naturel avec l'or (*sanou*), avec l'orpaillage nous réglons nos petits problèmes et nous entretenons nos maris, nos enfants. L'argent de nos maris est investi soit dans la construction, soit dans le commerce ; il nous appartient d'assurer la nourriture, les soins pour les enfants malades ; [...] l'État doit nous aider en nous octroyant des crédits, ou en nous donnant du matériel adapté à l'orpaillage ; l'or de Tenkoto ne finit jamais, le seul problème est la récupération et la limitation des pertes.

Dans cette perspective, nous voyons deux grands axes de développement local se dégager.

6.5.2. Du rôle de l'État dans les activités d'orpaillage

Dans le contexte de la mondialisation et de l'intensification de la libéralisation des échanges, la plupart des pays en développement, particulièrement en Afrique de l'Ouest, sont partagés entre le besoin d'attirer des investissements étrangers et l'obligation de protéger les droits sociaux et économiques de leurs citoyens. Ces pays se livrent alors une concurrence farouche. Chacun d'eux, voulant offrir les meilleures conditions, abaisse ses normes afin de créer un environnement propice à l'investissement. Dans le même temps, la Banque mondiale a procédé à la révision des codes miniers à travers le continent, produisant ainsi des codes qui créent incontestablement des conditions favorables au secteur privé, mais ont un impact douteux sur le développement social et la qualité de l'environnement. L'exemple de l'exploitation de l'or de Sabodala suscite des questions quant aux avantages réels de l'extraction minière et à son coût potentiel. L'exploitation aurifère a le potentiel d'aider un pays à amorcer un développement durable et réduire la pauvreté. Toutefois, cela devra passer par un engagement citoyen permettant une gestion transparente des contrats et des revenus générés, mais également par leur distribution équitable.

Nous pensons que la démocratie participative à la base est une voie sûre pour atteindre la bonne gouvernance et aboutir à une société plus juste, où tous les citoyens comptent de par leurs capacités, qui ne demandent qu'à être renforcées.

Cet ouvrage ne prétend pas apporter les réponses à toutes les questions sur l'exploitation minière au Sénégal, mais il jette les bases pour des échanges entre les acteurs que sont l'État, les compagnies minières et les communautés. Certes « tout ce qui brille n'est pas or », mais à partir du moment où il n'y a plus aucun doute que ce qui brille, ici, est de l'or, il n'y a pas de raison que les communautés soient toujours les grands perdants, surtout que la récente relance du secteur minier a abouti à la découverte de nouveaux gisements d'or, dont l'exploitation est pour bientôt.

Sur nos différents sites d'étude, le constat qui se dégage est que les orpailleurs sont laissés à eux-mêmes. Pourtant, l'année 1996 a consacré la régionalisation, étape importante dans le processus de décentralisation avec comme innovation majeure le transfert de compétences aux collectivités locales. Depuis lors, l'État a mis en place plusieurs réformes allant dans le sens d'adapter les lois aux nouvelles dispositions de la décentralisation. Il s'agit notamment des codes de l'environnement, forestier et du code minier.

Malgré l'effort consenti par ailleurs, force est de noter qu'il y a vraiment des problèmes sur l'applicabilité de la batterie législative et réglementaire sur le terrain.

Au Sénégal, l'exploitation de l'or dans sa partie Est a connu, ces dernières années, une croissance rapide. Du fait de l'importance du profit, cette ressource attire de plus en plus d'investisseurs, mais également beaucoup de privés et de populations venant d'horizons divers. Cette politique profite-t-elle cependant aux populations locales ?

Aucune forme de soutien ne leur est réservée. Ni l'État encore moins les collectivités locales ne s'intéressent aux orpailleurs ou à l'orpaillage. La notion d'État pose souvent problème à certains orpailleurs qui l'associent à une personne physique :

> L'État n'est jamais venu ici pour voir notre travail. Mais nous, non plus, nous n'allons pas vers lui pour lui demander de l'aide, car cet or nous appartient, nos grands-parents ont travaillé durement pour nous donner cet or qu'on ne peut pas finir, c'est pourquoi certains étrangers, Maliens, Guinéens viennent chercher notre or [...].

Selon ces communautés, l'État considère l'orpaillage comme une activité informelle qui n'intéresse que les démunis des villages de Kédougou. Dès lors, pour organiser une riposte à la hauteur de l'état de pauvreté dans cette zone, il semble nécessaire de soutenir les populations pratiquant l'orpaillage, qu'il s'agisse d'individus ou de groupes d'affinités. Ce soutien doit prendre en compte les aspects périphériques parmi lesquels :

- la connaissance globale du milieu naturel et des prélèvements qui y sont effectués, d'une part ;

- l'état des infrastructures et des réseaux permettant des interactions et des échanges, d'autre part.

L'appui aux communautés d'orpailleurs du département de Kédougou trouve ainsi de multiples déclinaisons telles que la prévention des maladies sexuellement transmissibles (MST), qui prennent des proportions inquiétantes sur les sites, la question de l'eau, qui se pose avec acuité, de même que l'accès à des micro-financements.

Les stratégies d'amélioration des conditions de vie et d'existence des orpailleurs et de leurs familles se doivent donc d'être trans-sectorielles, afin d'envisager des alternatives viables et durables dans des perspectives de transferts d'activité ou de complémentarité totale. Une mutuelle des orpailleurs serait une alternative à la dilapidation des ressources tirées de l'orpaillage.

6.5.3. De la valorisation de la petite mine

Pour un développement économique régional, l'émergence de la petite mine semble pour certains orpailleurs une alternative souhaitable. Cette petite entreprise plus souple et adaptable ne devrait-elle pas permettre de multiplier les opportunités économiques et de valoriser au mieux la productivité de l'or dans la zone de Kédougou ?

Le développement de la petite mine ne saurait-il pas être un rempart contre la pauvreté, la précarité et le chômage des jeunes ?

> Ici à Tomboronkoto, beaucoup de jeunes travaillent dans la petite mine installée par les Anglais il y a deux ans. Ceux qui ont un niveau assez avancé, qui savent lire et écrire sont plus chanceux, car ils comprennent plus rapidement les consignes du contremaître. Le site n'étant pas loin du village, je me lève tôt tous les matins pour m'acquitter de ma tâche de pointeur. Le travail n'est pas dur et je gagne 80 000 francs CFA en moyenne par mois.

Les petites mines, à la portée « d'entrepreneurs locaux », sont bien intégrées dans le tissu économique régional et, lorsqu'elles sont respectueuses des contraintes sociales et environnementales, peuvent servir de déclic au rayonnement économique de la région. Un jeune orpailleur de Tomboronkoto fait en effet remarquer :

> La petite mine est plus rentable pour nous les orpailleurs. Si nous disposons d'un matériel complet, nous pourrons récupérer une grande quantité qui serait perdue d'avance. En plus, les risques d'accidents mortels seraient limités [...].

Dans cette approche sociologique du développement local, il est important de voir les mécanismes d'option pour un « tout économique » au détriment de la redistribution sociale. L'approche économique a ses limites. C'est la raison pour laquelle il faut la repenser en termes d'explication du comportement des orpailleurs par les « *bonnes raisons* », pour reprendre l'expression de Boudon.

L'émergence de la petite mine doit-elle *de facto* bouleverser l'équilibre existant qui permet de distribuer au plus grand nombre des ressources ? L'optimisation de l'activité ne devrait-elle pas se faire en « douceur », afin de ne pas priver brutalement les orpailleurs de leur gagne-pain ?

C'est vers la fin des années 50 que prend forme la théorie du développement endogène par John Friedmann et Walter Stöhr. C'est une approche volontariste, axée sur un territoire restreint, qui conçoit le développement comme une démarche partant du bas, privilégiant les ressources endogènes ou locales. Elle fait appel aux traditions industrielles locales et insiste particulièrement sur la prise en compte des valeurs culturelles et sur le recours à des modalités coopératives. Le développement local possède une référence politique et économique qui prend son essor avec la politique de décentralisation amorcée en 1996. Les régions sont un des échelons territoriaux du découpage juridique de l'espace national. Elles jouent un rôle primordial dans la planification et dans l'aménagement du territoire. Leur impact sur le développement local est réel. La région s'affirme dans les faits comme l'échelon de référence du développement industriel de certains services, poste et transports notamment, comme niveau administratif de coordination et d'action. Le régionalisme est une des voies à travers lesquelles s'exprime une tendance assise sur un modèle rationaliste qui vise la congruence entre la structuration administrative et les réalités géographiques et économiques. L'intervention économique locale est donc considérée comme étant de la compétence de la région, à laquelle les départements et les communes auront vocation à s'associer. Entre les enjeux nationaux et les réalités locales, la planification appuie les leviers locaux du développement en faisant participer les acteurs locaux à l'élaboration du plan régional et en aidant à la formulation de projets de développement local. Le contenu du contrat de plan répond à la volonté de traiter des problèmes de développement même si cela ne correspond pas tout à fait à la distribution juridique des compétences.

Le projet d'exploration de l'or de Sabodala (SMC) nécessitera un investissement de 98 millions de dollars et produira plus de 150 000 onces d'or (4,65 tonnes), selon la compagnie Mineral Deposits Limited (MDL), qui a démarré sa production au deuxième semestre de l'année 2007.

> À Sabodala, le gisement contient des ressources de 1,26 million d'onces d'or avec un très grand potentiel de découverte de ressources additionnelles. [...] Durant les travaux des recherches effectués dans les six derniers mois, Mineral Deposits Limited (MDL) a augmenté de 25 pour cent les réserves d'or annoncées dans les travaux antérieurs.

Durant sa phase opératoire, la gestion du projet reviendra à MDL à travers la société d'exploitation Sabodala Operating Company S. A., qui sera créée à cet effet. L'État du Sénégal détiendra 10% d'actions gratuites dans la société d'exploitation. Les communautés ont déjà mesuré à leur juste valeur les retombées avec la réhabilitation de la route Sabodala : des réalisations pour l'alimentation en eau, l'assistance médicale, etc.

L'enjeu que pourrait constituer l'orpaillage dans le développement serait la rationalisation de la pratique par la création de coopératives d'orpailleurs.

Autrement dit, il faut réorganiser et rentabiliser l'orpaillage en aidant les orpailleurs à disposer d'outils de travail bien moins rudimentaires, avec du matériel de protection, et leur apprendre à s'associer sous la forme de coopératives leur permettant d'accumuler du capital pouvant être investi et rentabilisé dans d'autres secteurs socioéconomiques. L'orpaillage n'est pas la seule aptitude des orpailleurs. Un programme de développement local opérationnel et bien efficace devrait à la longue ainsi permettre de détourner les populations des sentiers dangereux de l'orpaillage. Les exemples de Mako et de Tomboronkoto sont très révélateurs d'un tel phénomène. Bien que le sous-sol de ces villages soit aurifère, on y compte de moins en moins d'orpailleurs, grâce au niveau de modernisation, favorisé par le développement du tourisme, ainsi qu'à leur position géographique (ces villages se situent sur la nationale 7).

En réalité, cette idée de coopérative devrait pouvoir être mise en œuvre ou en pratique dans les différents villages où le phénomène de l'orpaillage garde encore une ampleur plus ou moins grande. Elle permettra d'ouvrir aux populations de nouveaux créneaux d'activité et d'avoir un éventail de choix beaucoup plus grand dans le cadre de leur profession.

Étant donné que l'orpaillage motive autant les adultes que les jeunes et enfants, il importe, au-delà de la formation des orpailleurs sensibilisateurs, de chercher à intervenir auprès des élèves, en les amenant, par « l'instance de socialisation » (Bourdieu) qu'est l'école, à prendre conscience des risques et dangers de l'orpaillage dans sa globalité du point de vue de leur santé, leur environnement, ainsi que leur propre avenir. Dans la perspective d'un développement local, l'éducation doit être au cœur de l'action ou du programme mis en œuvre, car non seulement la sensibilisation est une forme stratégique d'éducation, mais aussi et surtout, ce n'est que par les enfants, déjà précocement orpailleurs, que la pratique de l'orpaillage pourrait se perpétuer par-delà des générations. Dans le même sens, il importe de valoriser l'école, d'amener en d'autres termes les parents à prendre conscience de l'importance de l'institution scolaire. L'école, comme *instance de socialisation* et institution de promotion sociale, a un rôle capital à jouer dans toute action relative à la pratique de l'orpaillage, qui fait prématurément des enfants des actifs au même titre que les adultes.

À l'instar de l'éducation, la santé reste une question entière dans la problématique du développement local. Il serait ainsi très intéressant, important, voire nécessaire, d'installer, dans les localités rurales où l'orpaillage est présent et actif, des structures sanitaires ou d'en renforcer l'opérationnalité pour celles qui en disposent déjà.

Au-delà de l'éducation et de la santé, l'environnement constitue un volet central du développement local. Mais si l'éducation et la santé demandent un certain niveau d'investissement matériel en termes de structures et de logistique, l'environnement comme facteur ou domaine du développement local ne repose fondamentalement que sur un ensemble de stratégies actives conduisant les populations à revoir leur rapport à leur milieu dans le sens de protéger et d'entretenir celui-ci pour pouvoir se garantir un cadre de vie meilleur.

D'une manière générale, l'orpaillage, comme toutes les questions qu'il soulève, reste une question de développement dès lors que sa cause première reste la pauvreté. Ainsi, il pourrait être vain d'essayer d'amener les orpailleurs à renoncer à l'usage de produits dangereux leur permettant de maximiser la récupération d'or, sans pour autant se soucier de l'évolution globale de leurs conditions sociales de vie. Un programme de développement local dans le contexte des villages du département de Kédougou actifs dans l'orpaillage ne renvoie aucunement à un vaste programme à l'allure de ceux d'organismes comme la Banque mondiale, le PNUD ou les autres grandes ONG. Dès lors que la localité dispose de ressources minières bien précieuses et très recherchées, il importe de rationaliser aussi bien leur exploitation que leur commercialisation pour les rendre plus productives et rentables. En réalité, rien que l'or, le marbre et le basalte, présents dans la zone, peuvent à moyen terme permettre d'assurer le développement local en question. Une éventuelle aide matérielle ne devrait être fournie que dans la première phase de la stratégie de développement mise en œuvre. L'orpaillage et l'exploitation des autres ressources ou potentialités du milieu naturel peuvent servir de sources permettant aux populations de saisir davantage, et de manière bien organisée et rationnelle, les opportunités que leur offre la nature et d'œuvrer elles-mêmes pour établir les bases du développement de leur localité.

En somme, cette démarche volontaire d'acteurs se réunissant sur un territoire à taille humaine pour envisager l'avenir de ce dernier se fait en perspective avec d'autres niveaux d'administration et d'autres échelons politiques de la nation. C'est une vision du *local* dans le *global*, qui voit le territoire comme un système en relation avec d'autres systèmes et d'autres acteurs. Les orpailleurs œuvrent à l'amélioration des conditions de vie de leur territoire ; ce qui passe notamment par le développement et l'emploi.

6.5.3.1. Présentation générale du projet Sabodala

Nous ne pouvons pas faire cas de la question de l'or de Sabodala sans évoquer sa dimension politique.

En effet, par le biais d'une Convention minière, le gouvernement de la République du Sénégal a accordé à la société canadienne Mineral Deposit Limited (MDL) un permis d'exploitation de l'or d'une superficie de 20 km^2 dans la zone de Sabodala. Dans ce périmètre, MDL envisage d'implanter et d'exploiter une mine à ciel ouvert et des infrastructures de soutien (voies de circulation, cité minière, centrale électrique), de construire une usine de traitement, d'aménager et d'exploiter un barrage des retenues d'eaux, un barrage sur le Balé pour satisfaire les besoins en eaux de l'usine, deux bassins où ces eaux seront stockées, un bassin de décantation des eaux usées. L'exploitation des minerais de Sabodala mettra en œuvre des techniques d'extraction classiques de mine à ciel ouvert associées à un procédé de lixiviation au cyanure et autres acides. Le code minier fixe une durée d'exploitation de cinq ans, avec une possibilité de renouvellement du permis d'exploitation. D'ailleurs, le programme de sondage entamé par MDL dans la zone du projet pourrait induire une durée d'exploitation beaucoup plus longue. De même, les installations du projet sont assujetties aux exigences liées au plan de fermeture et aux normes énoncées dans la Convention minière. Ainsi, toutes les mesures participant à la réhabilitation de la mine et à l'élimination des risques miniers doivent être mises en œuvre, conformément aux normes, aux procédures. Mais ce projet sera-t-il soucieux de l'intérêt des populations locales, de la protection de l'environnement et du respect des dispositions relatives au nouveau code minier en vigueur ? Le développement grâce aux multinationales est-il souhaitable ? Peut-on lutter contre la pauvreté absolue en favorisant les logiques « économicistes » des multinationales ?

Toutefois, une réelle prise de conscience s'est opérée et les compagnies minières commencent à jouer un rôle social avec des programmes sociaux pouvant aider les communautés à tracer les sillons d'un développement local.

Aujourd'hui, les compagnies minières développent des Plans de performances environnementales et sociales (PPES) soucieux du développement durable. Cette évolution s'inscrit dans le cadre du développement des notions de Responsabilité sociale des entreprises (RSE) et des principes de transparence.

Ici, le développement durable se traduit par la notion de « triple résultat ». Autrement dit, l'entreprise socialement responsable doit être performante dans les trois dimensions que sont l'économique, le sociétal/social et l'environnement. Ce qui conduit à évaluer sa performance sous trois angles : la rentabilité économique, le respect de l'environnement, l'équité sociale.

6.5.3.2. Cadre socioéconomique du projet Sabodala

Le site du projet Sabodala fait partie intégrante de la communauté rurale de Khossanto, qui est elle-même rattachée au département de Kédougou, l'un des plus pauvres du Sénégal. De 1988 à 2000, la population de la communauté rurale a évolué de 5711 à 7821 habitants. Cette population est inégalement répartie avec une densité moyenne qui avoisine 3,26 habitants au km^2. Les principales ethnies présentes dans la communauté rurale sont les Malinkés qui constituent le groupe ethnique le plus important avec 94% de la population, suivis des Peuls (4%), le reste étant composé de Bassaris et de Wolofs. La majorité de la population est musulmane. Une minorité est restée animiste. Cette population est en général bien organisée, principalement les femmes. Il existe au moins un groupement par village. Les principales activités de la zone sont : l'agriculture (activité dominante), l'élevage, la cueillette, l'artisanat (notamment l'exploitation artisanale de l'or, une activité courante chez les populations de la zone du projet, à qui elle procure des revenus assez substantiels, par exemple dans les villages de Sabodala, Bambaraya et Tenkoto) et la chasse (le tourisme cynégétique, très important dans la zone).

Du point de vue culturel, des sites sacrés sont recensés au niveau de la zone d'intervention du projet. Des rituels y sont célébrés pour demander protection, purification, etc. Malgré cette diversité d'activités et le dynamisme des populations locales, quelques contraintes subsistent dans la zone :

1) une faible couverture sanitaire à l'échelle de la communauté rurale qui ne dispose que d'un seul poste de santé, du reste confronté à des problèmes cruciaux d'eau, de matériel et de personnel ;

2) une forte prévalence des maladies endémiques comme le paludisme, les dermatoses, les pneumopathies et les maladies sexuellement transmissibles ;

3) un taux de scolarisation encore faible, même si beaucoup d'efforts sont consentis en termes de sensibilisation et de construction de salles de classe ;

4) la faiblesse des infrastructures (pistes, équipements commerciaux, moyens de locomotion, etc.).

Face à ces contraintes, l'État du Sénégal ne devrait-il pas revoir cette logique « *économiciste* », et promouvoir la logique sociale, afin de mieux comprendre le « mécanisme des besoins », l'état intérieur de cette communauté historique concrète ?

Aujourd'hui, les populations de Sabodala ont une vision négative dudit projet. Selon certaines sources, les populations seraient menacées de déguerpissement par les initiateurs du projet Sabodala (SMC), car le village, tel qu'il est constitué actuellement, serait un réservoir de filons. Une situation qui pourrait créer des conflits sans précédent, car insoucieuse de l'aspect socioculturel des croyances et représentations que les populations se font du mythique site de Sabodala.

Nos enquêtes de terrain et nos discussions approfondies sur des questions sensibles relatives à la politique actuelle de l'or au Sénégal révèlent un déficit de communication entre les différents acteurs : populations autochtones et représentants de l'État et des multinationales. Le non-respect des règles du jeu par certains promoteurs et surtout le laxisme sont très souvent évoqués par les populations locales, qui portent un immense espoir dans l'exploitation de l'or.

Selon certains notables des communautés minières, l'État est impuissant s'il n'est pas tout simplement 'complice' des actes nocifs, que l'industrie extractive pose à leur détriment. L'industrie extractive a, pour les populations abritant les sites, créé plus de problèmes qu'elle n'en a résolus. Les populations ont donc une vision plus ou moins négative des compagnies minières, qu'elles considèrent comme 'pilleuses' de ressources. D'où la nécessité de faire des efforts dans la communication, afin de changer cette perception « gênante » de l'opinion malgré des avancées significatives dans la prise en charge des problématiques sociales.

CHAPITRE VII

LA VIE SOCIALE DANS LES *DIOURA*

Le placer, lieu d'exploitation et de traitement de l'or, est aussi un 'réservoir' de maux sociaux tels que la prostitution, la violence (de délinquance et d'attitude), etc.

En effet, les sites d'orpaillage sont animés tout le temps que dure la saison. Hommes, femmes et enfants fréquentent les sites pour gagner leur vie. Il en résulte une forme pathologique de la division du travail ou anomie généralisée, qui produit une déviance. Le banditisme social et la prostitution clandestine font que l'orpaillage est souvent perçu comme une activité maudite chez certains habitants inhibés des valeurs islamiques.

En venant dans les placers, certains orpailleurs viennent avec leurs femmes qui préparent les repas pour eux, d'autres se confient à un logeur (***ndiatigui***) et participent à la dépense quotidienne. Les uns s'associent pour préparer leurs repas, tandis que l'écrasante majorité se restaure dans les gargotes surtout quand le placer connaît une forte affluence.

Du reste, les orpailleurs sont peu économes. Ils dépensent pratiquement toutes leurs ressources dans les placers. C'est la belle vie, comme si la communauté était fondée sur un système de jouissance collective.

Dans les placers, la publicité des gains de l'orpailleur chanceux contribue largement à entretenir l'animation et la vie sociale sur les lieux. Ce phénomène que nous appelons « système de publicité » fait également la renommée d'un placer en une période donnée, car nous affirme un orpailleur : « Quand on gagne une quantité appréciable d'or dans un placer, les gens viennent de toutes les localités pour profiter de la manne ». Ce phénomène est dû au fait qu'il y a une joie de vivre dans les placers. Lorsqu'une femme lave l'argile aurifère, et qu'elle y découvre une grande quantité d'or, tout le monde se regroupe pour crier et applaudir. C'est la grande joie ! Alors, dès que des gains importants se succèdent pendant plusieurs jours, cela fait l'affaire des colporteurs de bonnes nouvelles qui ont tendance à exagérer la quantité d'or trouvée.

En fin de compte, cela crée une ruée vers ce placer. C'est une « fièvre contagieuse » qui balaie tout sur son passage. Même ceux qui n'étaient pas tentés par l'orpaillage s'y rendent, attirés par l'appât du gain et l'espoir de faire fortune. Ce phénomène correspond à une demande de plus en plus forte de biens de consommation pour lesquels l'argent liquide, rare dans la zone, est devenu une source de fantasme.

Par ailleurs, au niveau éducatif, la déperdition scolaire caractérise les sites miniers et les enfants sont les premières victimes de la fièvre de l'or.

La plupart des enfants qui vivent dans les villages miniers ne vont pas à l'école et les rares structures scolaires autour des sites sont souvent désertées et vidées par la folie de l'or : l'orpaillage est source de plusieurs maux sociaux.

Sur le plan socioculturel, les problèmes les plus aigus que nous pouvons rencontrer aujourd'hui dans les placers se posent lors des **ruées**.

Cette dynamique migratoire spontanée engendre une surpopulation et donc une réduction de la distance physique des différents orpailleurs sur les sites.

Cette forte densité favorise la promiscuité extrême et la recrudescence des accidents et de certaines maladies.

La ruée rassemble dans la clandestinité une communauté d'individus d'origine pluriethnique, mobile et souvent méfiante, qui a tendance à rejeter toute forme de contrainte, car l'action en amont pour prévenir et endiguer une ruée ne semble pas réalisable sur les différents sites de notre recherche.

En somme, les échanges avec les personnes interviewées ont permis d'avoir un cliché du moment sur la vie des orpailleuses et orpailleurs sur un site aurifère. Les populations des sites ne sont pas suffisamment connues. Les sites ne disposent pas en général de structures à base communautaire formelles qui pourraient être des précurseurs des actions en faveur des orpailleuses et orpailleurs. Les inégalités d'âge, de pouvoir d'achat et du genre sont à l'origine d'une inégalité de force entre orpailleurs et acheteurs et entre les hommes et les femmes en général.

La situation sanitaire sur les sites est très préoccupante. L'existence de comportement à risque par rapport aux IST et VIH mis en évidence par les unions éphémères sur les sites traduit une insuffisance dans la sensibilisation sur les IST et le VIH-SIDA. Quoique les conditions de vie sur les sites soient extrêmement difficiles, les orpailleuses et orpailleurs sont animés en général d'une volonté et d'une croyance en une « manne qui, un jour ou l'autre, viendra ».

Dans le regard de tout orpailleur (femme ou homme), on peut lire cette lueur d'espoir qu'« un jour viendra où tout le monde fera fortune ». C'est la force de cette lueur d'espoir qui les fait vivre devant tant d'adversité dans les rapports sociaux.

7.1. Les rapports autochtones/allochtones

La question de l'identité est une question cruciale dans la compréhension des conflits et des tensions dans certaines zones d'orpaillage. L'élément déterminant se trouve dans les types de rapport à l'autre et du vivre ensemble.

Dans cette société mandingue, où dominent une fragilisation « identitaire », des peurs et angoisses polymorphes, se constituent des préjugés et stéréotypes fondés sur des critères physiologiques et/ou psychologiques. Les orpailleurs autochtones ont souvent une vision négative de ceux qu'ils appellent « étrangers », ou gens qui ne sont pas originaires du *Diakha* « terroir diakhanké ». Il se pose alors un réel problème d'intégration, que Durkheim qualifie d'anomie.

L'anomie représente l'absence de réglementation et l'affaiblissement de l'intégration des orpailleurs allochtones dans ces groupes sociaux, provoquée par des relations de moins en moins normalisées. Cette situation est explicitée par le concept d'intégration développé par Parsons (1937), et qui constitue une des fonctions du système social, assurant la coordination des diverses fonctions de celui-ci, pour assurer le bon fonctionnement de l'ensemble. L'intégration, dans la mesure où elle admet la persistance des spécificités culturelles des populations immigrées, est un processus de socialisation. Or, cette socialisation pose problème dès lors que les orpailleurs sont considérés comme des usurpateurs, des envahisseurs. Dans la conscience collective des autochtones, l'or est un don que Dieu leur a accordé.

Avec la découverte de nouveaux sites et toute la publicité qui tourne autour, il y a un fort mouvement migratoire, de déplacement de populations étrangères vers ces lieux. Les populations n'ont pas toutes les mêmes valeurs, les mêmes croyances, encore moins les mêmes attitudes et comportements. Ce qui crée généralement des dysfonctionnements au niveau de la cellule communautaire et des rapports conflictuels chez certains orpailleurs. De même, si nous nous référons à la classification des types sociaux établie par Malick Ndiaye[44], nous verrons que les Diakhankés, issus du rameau mandingue, appartiennent à une société ayant connu le mépris des castes et « les rivalités pour le contrôle du pouvoir ne font que passer d'un cadre de l'action sociale conflictuelle à un autre ». Selon l'auteur de *L'Éthique Ceddo et la société d'accaparement*, ces derniers appartiennent au type proprement « agonistique » avec une structure sociale fortement différenciée et antagonique, formés dans des cultures de conflits et de tensions. Ce qui explique leurs rapports parfois corsés avec ceux qu'ils appellent ***lountankho*** « étranger ». Il y a parfois une difficile cohabitation entre orpailleurs étrangers et autochtones.

La région du sud-est du Sénégal attire de plus en plus d'orpailleurs étrangers. Plusieurs sites aurifères y ont été ouverts mais la cohabitation entre orpailleurs étrangers et populations autochtones est par moment difficile. Une atmosphère de méfiance et de prudence prévaut sur certains sites, particulièrement à Tenkoto. En juillet 2013, des affrontements ont opposé les orpailleurs du site de Tenkoto à la population allochtone, en majorité guinéenne. Le bilan de ces affrontements est d'un mort, des blessés et de nombreux dégâts matériels. Tout serait parti d'une histoire banale. Un orpailleur diallonké[45] qui exerce sur le site serait allé se soulager à un endroit inapproprié (le champ d'un Diakhanké selon une certaine source, touffe sacrée, à en croire une autre). Pris en flagrant délit, il aurait été violemment battu par un Diakhanké. Ses camarades orpailleurs qui auraient tenté de l'évacuer dans le centre sanitaire de Kédougou auraient fait face au refus d'un groupe de jeunes. Selon le jeune Dembo,

---

[44] NDIAYE (M.), *L'Éthique Ceddo et la société d'accaparement*, Dakar, PUD, 1996, p. 19.
Selon l'auteur, il existe deux types sociaux ; le type dit « agonistique » qui vient du latin *agonista*, et signifiant « qui combat dans les jeux », par extension conflit, lutte, etc. Il s'y retrouve tout le rameau mandingue, les Wolofs, les Tukuloor ; par opposition au type dit « irénique » qui vient du grec *eiréné*, renvoyant à « paix ». Dans ce dernier type, s'y retrouvent Joola, Sérers Ndut, Niominka, Noons, etc., qui ont été formés dans des sociétés caractérisées par une structure sociale non antagonique, dotée d'une conscience collective forte et intégrée, donc plus tolérante.

[45] Ailleurs, on peut lire jallonké.

> C'est mon frère qu'ils ont tué. Il était parti au champ et il y a eu une bagarre [...]. Cette bagarre a été très rude mais aujourd'hui nous avons pardonné. Grâce aux autorités coutumières et moi-même, nous avons apaisé le climat.

Bien que les autorités coutumières aient appelé à la cohabitation paisible entre orpailleurs autochtones et allochtones, nombreux sont les chercheurs de métal jaune qui se méfient de la communauté diallonké en provenance de la Guinée. « Les Diallonké sont très difficiles. Ici, même pour se soulager ou pour cracher, c'était compliqué pour nous orpailleurs autochtones. Il a fallu ces affrontements pour que nous ayons un peu de liberté », estime un jeune orpailleur diakhanké. Les autochtones reprochent aux orpailleurs diallonkés de pratiquer un déboisement intensif, d'avoir des mœurs volages, de manquer de respect aux lieux sacrés. « Nous pouvons tolérer que les hommes diallonkés fassent la cour à nos jeunes filles, mais il est inacceptable qu'ils commettent l'adultère avec nos femmes. C'est interdit dans ce *Diakha* », affirme un vieil orpailleur.

Les conflits sont donc au cœur de la vie sociale et se distinguent par leur intensité et le degré de conscience des acteurs qui y participent ; l'enjeu est le contrôle systématique des couloirs d'orpaillage. Ils peuvent être plus ou moins violents, porter sur l'organisation du travail et la répartition des richesses, mais également sur la transformation des règles en vigueur sur les sites.

« Les Guinéens nous posent d'énormes problèmes. [...] L'année dernière, une rude bataille s'était produite ici à Tenkoto. Ils étaient venus en grand nombre et se sont installés dans le village. Ils avaient commencé à intégrer les structures villageoises chargées de l'organisation du terroir et autres. Un jour, un des leurs a eu l'outrecuidance de demander la démission de notre chef de village. Il s'en est suivi une bagarre et malheureusement mon cousin qui est d'ici a été poignardé à mort. Nous avons saisi la gendarmerie de Kédougou pour que la lumière soit faite sur cette affaire et elle dit que les enquêtes sont en cours. [...] Mais tout cela, c'est de notre faute, parce que nous avons accepté que ces gens-là s'installent ici. », selon Seybo Danfakha.

Dans ce contexte, nous voyons que le concept d'étranger se présente doublement : comme l'inaccessibilité du sens et comme non-appartenance à un groupe. Or, il y a d'une part, la dimension relative du concept qui est reliée à un ordre donné, d'autre part, une dimension radicale qui ne s'oppose pas forcément à l'ordre établi (*statu quo*) mais le dérange et l'excède.

Les orpailleurs allochtones ne sont pas perçus comme « hôtes » ou figures de passage, au sens de G. Simmel, selon lequel, l'hôte, c'est l'étranger sur le seuil, « qui arrive aujourd'hui et reste demain ».

Le bouleversement noté dans l'ordre traditionnel établi élève les orpailleurs étrangers au rang « d'ennemis ». C'est dans cet ordre d'idées que Pascal soutenait : « Personne n'est ennemi mais on devient ennemi. L'ennemi, c'est l'étranger de l'autre rive, le rival qu'on tue ». De telles conceptions alimentent sans doute une adversité avec des regains de violences, comme c'est le cas sur beaucoup de sites d'orpaillage.

Cette situation pourrait se démultiplier en l'absence d'organe ou de système de régulation sociale. Ce qui nous amène à penser que les rapports autochtones/allochtones sont à même de bouleverser l'ordre existant en transformant de l'intérieur toute une organisation, soit en faisant changer de main la propriété des moyens de production (Marx), soit en modifiant les rapports d'autorité (Dahrendorf)[46].

Ce type d'influence, que nous rencontrons très souvent dans toutes les formes de communautés, est le résultat de la compétition qui a pour objet les chances économiques. Plus le nombre d'orpailleurs « compétiteurs » est grand par rapport à l'étendue des possibilités de gains qui leur sont ouvertes, plus les personnes engagées dans la lutte ont intérêt à limiter d'une manière ou d'une autre la concurrence. C'est dans cet ordre d'idées que nous pensons, à l'instar de Weber dans *Économie et société,* qu' « [...] une partie des concurrents tirent argument de certaines caractéristiques extérieures de leurs adversaires réels ou virtuels pour chercher à les exclure de la compétition [...]. Ces caractéristiques peuvent être la race, la langue, la confession, le lieu d'origine ou l'extraction sociale, l'ascendance, le domicile, etc. [...] Il est indifférent que, dans telle circonstance donnée, on choisisse telle caractéristique, car on recourt, en fait, à celle qui apparaît le plus immédiatement ».

De tels antagonismes, par les répercussions qu'ils entraînent, favorisent très souvent l'épuration ethnique. Toute épuration est fondée sur la création d'un récit, une idéologie longtemps entretenue par des

---

46 DAHRENDORF (R.), *Class and Class conflict in industrial society*, Stanford University Press,1959.

mots, des invariants dans les discours sociaux, ou des quolibets parfois fâcheux qui représentent négativement l'autre avant le passage à l'acte. De ce fait, il suffira simplement d'un déclencheur, qui catalysera soudainement les tensions, et qui provoquera l'embrasement à grande échelle. C'est l'exemple de cette femme orpailleuse de 42 ans qui relève : « Les étrangers tirent profits de l'or au détriment des résidents. C'est avec leur venue que nous avons commencé à enregistrer des cas de vols, surtout de bétail. Moi, je suis née ici, et personne n'a jamais volé dans mon troupeau. Aujourd'hui, dès le démarrage de la saison, on cesse d'être tranquille avec ces gens qui viennent d'un peu partout pour amener notre or. [...] Il y a de l'or chez eux, ils n'ont qu'à rester là-bas. Si on avait d'autres moyens, on aurait quitté les placers, car l'orpaillage est très fatigant ; seulement, la pauvreté fait que nous sommes obligés de la pratiquer. Si l'État pouvait mettre des moyens à notre disposition, même une ligne de crédit, cela pourrait être une solution alternative à nos difficultés ».

En somme, nous voyons nettement qu'il y a une forte tendance à vouloir monopoliser certaines chances, qui sont généralement de nature économique.

Cette tendance est dirigée contre d'autres compétiteurs désignés par une caractéristique commune, positive ou négative. Le but étant toujours de fermer plus ou moins complètement à ces « étrangers » l'accès aux chances (sociales ou économiques), qui existent dans le domaine de l'orpaillage.

7.2. Les rapports sociaux de production dans les activités d'orpaillage

Nous sommes d'avis que les hommes sont les seuls êtres qui produisent les conditions de leur vie, et par cette production, ils entrent dans des rapports déterminés. Ainsi, selon Marx et Engels : « L'homme est un être de besoins ; la satisfaction de ces besoins engage l'homme dans une lutte avec la nature et avec les forces de la nature, l'obligeant à développer des techniques de travail collectif ». Autrement dit, l'homme ne s'est défini lui-même comme tel qu'à partir du moment où il a commencé à produire ses propres moyens d'existence, sa vie matérielle. C'est par cette production et les rapports qu'elle implique, qu'il devient véritablement un être social qui acquiert son essence en tant que l'ensemble des rapports sociaux. Le concept de production est capital car il engendre simultanément, dans le même procès la conscience des activités et l'idée de projet dans ces activités. La production n'est donc pas une simple activité vitale des orpailleurs, elle est cette activité indispensable à la vie sociale dans les placers, à cause des rapports qu'elle implique. Toute production exige donc un certain contingent d'hommes, d'outils et de techniques appelés « forces productives ».

Et Guy Rocher, dans *L'organisation sociale*, de noter : « Toute la sociologie de Marx et Engels est axée sur l'idée que la production des biens nécessaires à la satisfaction des besoins est l'activité principale de l'homme et la base de toute vie sociale ; les conditions dans lesquelles s'opère cette production déterminent l'organisation des sociétés [...] ».

Les rapports de production dans l'ensemble sont de nature à mettre en présence des rapports contradictoires ou conflictuels entre des groupes ayant des intérêts opposés.

Dans toute société, dont la production suit un développement naturel, écrit Engels dans *Anti-Dühring*, « ce ne sont pas les producteurs qui dominent les moyens de production, mais les moyens de production qui dominent les producteurs. Dans une telle société, tout levier nouveau de la production se convertit nécessairement en un moyen nouveau d'asservissement des producteurs aux moyens de production. Cela est vrai surtout pour le levier de la production qui, avant l'introduction de la grande industrie, était de loin le plus puissant : la division du travail. La première grande division du travail elle-même, la séparation de la ville et de la campagne, a condamné la population rurale à des milliers d'années d'abêtissement et les citadins chacun à l'asservissement à son métier individuel. Elle a anéanti les bases du développement intellectuel des uns et du développement physique des autres. Si le paysan s'approprie le sol et le citadin son métier, le sol s'approprie. En divisant le travail, on divise aussi l'homme ».

Dans les rapports de production du travail de l'or, il faut distinguer logiquement plusieurs aspects. Tout rapport de production est, en premier lieu, organisation des forces productrices en vue du résultat productif. Les forces productives sont, d'une part, le travail lui-même, d'autre part, les conditions de ce travail. Mais également, tout rapport entre forces productives contient aussi bien comme présupposition que comme conséquence une réparation du résultat de l'activité productive, du produit de l'orpaillage. Cette répartition est déterminée nécessairement par la production aussi bien passée et présente que future : tout d'abord, il n'y a de répartition que du produit de la production, et sous la forme que la production a donnée à ce produit ;

ensuite, toute répartition tient nécessairement compte de la production future, dont elle est la condition. D'autre part, la conservation, la diminution ou l'extension de la richesse existante de la communauté des orpailleurs découlent des modalités concrètes de répartition de l'or, du fait que cette répartition tienne ou ne tienne pas compte du besoin de remplacer les réserves sociales et les instruments rudimentaires utilisés. Par là-même, on peut souligner non seulement que toute production ultérieure est déterminée par la répartition précédente, mais que la répartition à venir est le facteur déterminant l'organisation de la production courante.

Sur certains sites, la répartition du produit de l'orpaillage est cachée dans le rapport productif immédiat du propriétaire de site (*diouratigui*), et de l'orpailleur lui-même.

Nous pouvons donc en général relever que :

- les rapports de production sont définis par le **mode de gestion** de la production (organisation des conditions matérielles et personnelles de la production, et la définition des buts et des méthodes de la production) ;

- par le **mode de répartition** du produit social (répartition intimement liée à la gestion sous de multiples aspects ; particulièrement, de la répartition résulte la monopolisation des capacités d'orientation de l'accumulation).

Dans les placers d'orpaillage, on distingue deux types d'orpailleurs, tous formés sur le tas et ayant des compétences variées :

- orpailleurs natifs, pour qui l'orpaillage est l'activité principale ;

- orpailleurs par contraintes existentielles.

Il existe également deux types d'exploitation sur les sites aurifères :

- l'exploitation de type éluvionnaire et alluvionnaire ;

- l'exploitation individuelle ou associative, pratiquée dans les structures filoniennes (puits de 30 m de fond sur 4 à 5 m de large).

Dans chacune des deux catégories d'exploitation, le travail est structuré sur la base de trois principaux intervenants :

- le propriétaire de la mine ;

- les mineurs/puisatiers ;

- les tireurs (généralement des femmes), qui assurent la remontée du minerai du fond du puits, son transport et son lavage.

Entre ces différents intervenants, il existe deux niveaux de portage de l'or, selon la nature du minerai extrait.

La terre extraite est partagée au fur et à mesure, à raison de deux mesures de calebasse pour le propriétaire de la mine contre une mesure pour les mineurs/puisatiers jusqu'à épuisement de la terre aurifère à partager.

Au contact de la couche aurifère, le minerai est remonté par des tireurs et partagé selon un procédé précis.

Pour les déblais aurifères : 10 mesures au propriétaire contre une mesure aux tireurs. Lorsque l'exploitation d'une mine devient dangereuse, certains mineurs, preneurs de risque, passent un contrat avec le propriétaire sur le mode de partage du gain selon la règle de l'égalité.

Le *damantigui* « chef de puits », de même que les représentants de la police des mines (*tomboloma*) tirent de l'orpaillage des rentes quasi permanentes : le *damantigui* perçoit 2 grammes d'or par exploitant, tandis que les ressources des *tomboloma* proviennent des 10% de tous les 100 francs CFA de taxes récupérées par trou (*daman*) attribués à chacun d'entre eux pour l'exploitation. On peut donc mentionner que les rapports de production en général sont définis par le mode de *gestion* de la production (organisation et coopération des conditions matérielles et personnelles de la production de l'or, définition des buts et des méthodes de la production) ; par le mode de *répartition* du produit social reposant sur *la répartition initiale des conditions de la production* ; celle-ci se manifestant par la *disposition exclusive* des moyens de productions. Cette disposition se manifeste souvent, selon Castoriadis, « dans les formes juridiques de la propriété, mais il serait absurde de dire qu'elle coïncide à tout moment avec celles-ci ou qu'elle y est exprimée d'une manière adéquate et univoque [...] Il ne faut jamais perdre de vue que cette répartition initiale des conditions de la production est constamment reproduite, étendue et développée par les rapports de production jusqu'au moment où une révolution s'opère dans ces derniers ». Le contenu de classe des rapports de production, fondé sur la répartition initiale des conditions de la production (monopolisation des moyens de production par une 'classe' sociale, celle des *diouratigui*, reproduction constante de cette monopolisation), se manifeste dans la gestion de la production par la classe dominante. Il se manifeste également dans la répartition du produit social en faveur de la classe s'appropriant une partie du travail, par suite de la place qu'elle occupe dans ce régime économique précis : les *diouratigui*. Les classes sociales sont donc définies par rapport à la propriété des moyens de production, traduction juridique du rapport de production. L'existence de la plus-value ou l'existence de surproduit ne définit ni le caractère de la classe dominante dans l'économie, ni même le fait que l'économie soit basée sur l'exploitation. Mais l'appropriation de cette plus-value par la 'classe' des chefs de *dioura*, en vertu du monopole de cette dernière sur les conditions matérielles de la production, suffit pour définir une économie comme une économie de classe basée sur l'exploitation : la destination de cette plus-value, sa répartition entre l'accumulation et la consommation improductive de la classe dominante, l'orientation de cette accumulation elle-même et le mode concret d'appropriation de la plus-value et de sa répartition. Du point de vue de la 'classe exploitée', celle des « orpailleurs actifs », le caractère de classe de l'économie se manifeste dans la production au sens étroit par sa réduction au rôle strict d'exécutant et plus généralement par son aliénation humaine, par sa subordination totale aux besoins de la classe dominante des chefs de *dioura*. Alors que dans la répartition, le caractère de classe de l'économie se traduit plutôt par l'appropriation de la différence entre le coût de la force de travail de l'orpailleur et le produit de son travail par la classe dominante. En somme, nous pouvons donc relever que les rapports sociaux de production changent et se transforment avec l'évolution et le développement des moyens matériels de production, des forces productives. Les rapports de production, pris dans leur totalité, constituent ce que l'on nomme les rapports sociaux, et notamment une société parvenue à un stade d'évolution historique déterminé, une société particulière et bien caractérisée.

7.3. De l'anomie sociale sur les sites d'orpaillage

Le concept d'anomie ou absence de règles est composé du (a) privatif et de *nomos* qui signifie règle en latin. Du coup, Durkheim le définit pour sa part comme un dérèglement social, une absence de lois voire une désagrégation profonde du tissu social. En partant à cet effet de la conception durkheimienne, on verra qu'il s'agit d'un concept opératoire pouvant nous renseigner sur la vie réelle des sociétés. Ainsi, Durkheim mentionne que, dans le passage des sociétés traditionnelles aux sociétés dites modernes, les sociétés peuvent être confrontées à un problème lié à l'inadaptation des lois en vigueur dans la société proprement dite et la mentalité en cours dans cette dernière. C'est en fait ce déphasage entre la mentalité collective et la nouvelle forme d'organisation sociale, qui provoque la plupart du temps des conflits ouverts que Durkheim nomme précisément **anomie**[47].

L'anomie pourrait être donnée comme le résultat d'un retard découlant de l'inadaptation de la logique de fonctionnement de ces sociétés d'orpailleurs traditionnels à la nouvelle communauté engendrant en son sein de nouvelles réalités. Il est à cet effet nécessaire, pour mieux cerner le concept dans une perspective durkheimienne, de décrire le mode de fonctionnement des deux types de sociétés. La société traditionnelle est définie par Durkheim dans son ouvrage *De la division du travail social* comme une société agraire régie par une mentalité collective très forte. Dans notre présente recherche, nous avons remarqué une forte coopération technique et fonctionnelle des tâches, doublée d'une spécialisation, à l'instar de l'organisme vivant.

La division du travail fait que l'orpailleur, tout en restant autonome, reste cependant très solidaire des autres segments sociaux. Ces éléments sont caractéristiques de la société moderne et le type de solidarité est ici appelé organique ou par complémentarité.

Le concept d'anomie est utilisé dans une perspective microsociologique par Merton, qui part de l'observation des valeurs comme fondements des *objectifs sociaux.* Pour atteindre ces objectifs, les orpailleurs disposent de moyens licites ou illicites déterminés par les normes sociales. Ainsi, face à la volonté de réussir socialement, les orpailleurs disposent d'une certaine latitude (marge de manœuvre) leur permettant de choisir entre ces types de moyens. C'est la raison pour laquelle nous pouvons voir des orpailleurs choisir des moyens illicites tels que la fraude ou l'escroquerie, ou encore la prostitution, pour atteindre leurs objectifs socialement valorisés. Il y a par contre des orpailleurs qui se limitent aux moyens licites dans la recherche de leurs buts sociaux (le cas des orpailleurs conformistes). Mais, s'il arrive que l'orpailleur se détermine à atteindre des objectifs sociaux et que les moyens licites ne soient pas accessibles, ou lui font tout simplement

[47] Dans *De la division du travail social*, l'anomie caractérise une situation où la division du travail ne produit pas la solidarité, car les relations des organes ne sont pas réglementées. Cette situation renvoie au manque de contiguïté entre ces organes, c'est-à-dire au fait que les organes entre lesquels le travail est divisé ne sont pas suffisamment en contact ou bien que ce contact n'est pas suffisamment prolongé pour produire les relations sociales nécessaires au bon fonctionnement de sociétés différenciées.

défaut, il y a une situation que l'on pourrait qualifier d'anomique selon Merton. Cela revient à signaler que la société, tout en définissant les normes sociales, oublie parfois ou n'œuvre pas à la mise à disposition de ses membres de moyens licites adéquats, leur permettant d'arriver à leurs fins escomptées.

En poussant ainsi l'analyse chez Merton, on peut se rendre compte qu'une autre forme d'anomie pourrait se présenter sur les sites d'orpaillage, si les buts socialement valorisés suscitent de la part des orpailleurs « le doute, l'incertitude » ou la suspicion : c'est exactement le sentiment de certains orpailleurs traditionnels vis-à-vis de la politique actuelle de l'État qui cherche à réglementer la pratique de l'orpaillage.

Ce parcours du concept d'anomie selon différents auteurs nous montre qu'il comporte plusieurs définitions. Mais d'où résulte ce déphasage qui provoque l'anomie dans les sociétés en construction ou en « devenir » ?

L'anomie ne saurait-elle pas, contrairement à l'idée de Durkheim, participer à la mise en place d'une société porteuse de nouvelles valeurs ?

Ces interrogations nous autorisent de tenter de déceler les dimensions dysfonctionnelles de l'anomie.

De prime abord, nous savons que toute vie en société requiert de la part des différents éléments qui la constituent l'adhésion massive consciente ou non à des valeurs propres à cette dernière. L'adhésion à ces valeurs permet ou doit permettre l'émergence d'une société *sui generis*, avec une action sociale susceptible de rendre compte de l'état réel de la cohésion dans la société. Cette volonté de vivre de façon harmonieuse et cohérente peut se trouver compromise par l'inadéquation des institutions qui régissent la communauté et la mentalité effective dans les pratiques de la vie sociale. Cette inadéquation est la résultante des changements ou mutations des sociétés dans le temps ; d'où leur historicité.

Cette évolution des sociétés pose souvent problème quand on sait que dans une société, les bases matérielles peuvent accompagner cette évolution, alors que la mentalité qui doit la sous-tendre est en retard. Ce déphasage entre la conscience collective et la base matérielle entraîne très souvent ces pertes de règles.

Ainsi, l'anomie comme perte de règles apparaît comme dimension dysfonctionnelle dans l'évolution des sociétés.

Dans le fonctionnement normal de la société, il y a des éléments qui jouent correctement leur rôle, et d'autres qui sont en marge de la norme socialement établie et qui sont, selon Durkheim, « autres que ce qu'ils devraient être ». Ces phénomènes peuvent être nommés de pathologiques. Nous ne devons cependant pas confondre l'anormal et l'anomie, car il y a anomie lorsqu'un phénomène dysfonctionnel occasionne un chaos et entraîne une désagrégation du tissu social.

En somme, nous pouvons souligner que malgré la disparité définitionnelle que comporte l'anomie, c'est quand même un concept pertinent et opératoire pouvant rendre compte de la vie réelle des orpailleurs en transition.

7.4. Orpaillage et déviance

Nous devons à l'école de Chicago des années 20 le développement de la sociologie interactionniste avec un renversement de l'appréhension morale des comportements déviants, jugés « anormaux ». Ces études montrent que le mode de vie de ces « déviants » est structuré avec des codes, des contraintes, des normes et des valeurs ; d'où son caractère socialement construit.

Sur les différents sites d'orpaillage, la mobilité des orpailleurs et leur liberté dans l'exercice des tâches favorisent certains comportements déviants qui mettent en branle certaines pratiques et règles coutumières.

Pour « se donner du courage », les orpailleurs jeunes et adultes, consomment de l'alcool, des amphétamines, des stupéfiants ou inhalent parfois de la colle. C'est ainsi que l'usage de stupéfiants, l'escroquerie, le banditisme[48] et même la criminalité ont tendance à s'y développer.

Les vols, les escroqueries et parfois les agressions sont monnaie courante sur les sites d'orpaillage. Ce qui explique les nombreuses querelles, bagarres qui peuvent parfois aboutir à des crimes. Aucune structure étatique pouvant assurer la protection de la libre circulation des biens et des personnes n'est sur place. Les placers font figure de « **no man's land** ».

Les comportements déviants nécessitent un mode d'apprentissage. Ce qu'a très bien illustré Howard Becker[49] dans son étude sur les

[48] L'étude d'impact environnemental et social (EIES) de juin 2006 montre le développement de certains maux dans la communauté des orpailleurs (usage de stupéfiants, délinquance et même criminalité, etc.).

[49] Dans *Outsiders : Étude sociologique de la déviance*, il construit une théorie interactionniste de la déviance, en réaction à la tradition fonctionnaliste. Il

fumeurs de marijuana et les musiciens de jazz. De même, ces activités soumises à des fortes pressions sociales permettent d'obtenir un certain nombre de bénéfices contrecarrant un statut social dévalorisé. Malgré tout, ces individus « déviants » ne sont pas pour autant en dehors du système, même s'ils qualifient la société comme étrangère à leur monde, et qu'ils sont eux-mêmes désignés comme étrangers à la société (double sens du concept « Outsider »).

Ils peuvent avoir conscience d'avoir commis des actes répréhensibles, que la morale commune réprouve ; morale commune dont ils partagent bien souvent de nombreux éléments. Dès lors, ils mettent en place un certain nombre de techniques de neutralisation qui permettent de nier leur propre responsabilité en interprétant leurs propres comportements déviants comme le produit de forces extérieures et supérieures au contrôle de leur volonté tout en déniant les conséquences néfastes de leurs actes.

Nous assistons d'un point de vue sociologique à un processus d'individualisation à la marge qui doit être compris comme la résultante de contraintes externes (précarité) et conditions de vie parfois difficiles qui existent dans ces zones d'orpaillage. Ce qui pousse les orpailleurs à compter d'abord sur eux-mêmes, à se débrouiller hors des lois et des normes, à élaborer des stratégies individuelles et/ou collectives de survie.

Des cas de vols de bétail sont souvent signalés par les habitants, de même que des cas d'escroquerie tel que le corrobore le témoignage suivant : « Un jour, j'avais, sur la base de la confiance, remis à un Malien que j'avais hébergé chez moi 100 g d'or d'une valeur de plus de 400 000 francs CFA, qu'il devait vendre à un *fransinabé* « émigré en France » séjournant à Tambacounda. Le monsieur a pris le train et est rentré avec l'argent au Mali. Je ne l'ai plus revu, ni entendu [...] ».

---

refuse, en particulier, du fonctionnalisme l'idée que la déviance soit le produit de facteurs sociaux pesant sur les individus. L'acte déviant est pour lui le résultat d'un double processus. De même, l'acte doit être défini comme déviant par la société. Becker s'intéresse ainsi à ce qu'il nomme les *entrepreneurs de morale*, c'est-à-dire aux acteurs qui se mobilisent pour qu'une activité donnée soit catégorisée socialement comme déviante. Becker cherche ainsi à montrer que la marijuana n'est devenue illégale aux États-Unis qu'à la suite d'une campagne menée par des entrepreneurs de morale. Toute étude de la déviance, pour Becker, ne doit pas penser les actions comme, en soi, déviantes, mais comme ayant été définies comme telles par des entrepreneurs de morale.

Un autre phénomène pouvant attester du dérèglement communautaire est la prostitution clandestine et/ou semi-ouverte. Le phénomène de la prostitution est fluide mais d'amplitude plutôt élevée dans la communauté des orpailleurs d'aujourd'hui. Un certain nombre d'indices en sont des révélateurs certains. Par exemple, malgré l'avancée de l'âge au mariage, l'adultère reste incontrôlable, particulièrement chez les jeunes orpailleurs.

Les zones d'orpaillage attirent de nouvelles catégories de personnes avides d'argent : les femmes commerçantes des marchés hebdomadaires (qui sont d'ailleurs très mobiles), les trafiquants de drogue, les vendeuses d'eau et de beignets, les vendeurs de bière locale (***bandji*** ou ***béssou***), les restauratrices, etc.

Ces catégories développent une forme de prostitution clandestine ou semi-ouverte, de peur d'être sanctionnées.

Il y en a une autre plus diffuse et certainement plus détendue parce que se pratiquant au sein même des villages abritant les sites. En plus du phénomène des *samba sulaabali* ou *samba booy* « vagabonds sexuels », où jeunes, adultes ou vieux usent de leur argent pour corrompre les jeunes filles de tout âge avec une préférence marquée pour les mineures, se développe en ce qui concerne les filles, le phénomène *mbaraan* « attachement sexuel éphémère à base pécuniaire, impliquant plusieurs partenaires », avec un goût marqué pour les *super-coof* « gros poissons ». La référence au poisson à manger révèle au plan symbolique une volonté de déposséder l'orpailleur et même l'acheteur d'or de tout son argent.

Ces pratiques sont souvent l'apanage des étrangers et surtout *wolofs* en provenance de l'intérieur du pays, ou de Diaobé (carrefour commercial très réputé). Ces pratiques favorisent le développement des pulsions sexuelles et la recrudescence des maladies sexuellement transmissibles (MST).

La promiscuité combinée à l'effet de la chaleur des mois de mars et d'avril favorise les rencontres occasionnelles et engendre **une sexualité débridée**, surtout de la part des plus jeunes. Engels, dans *Situation de la classe laborieuse en Angleterre*, décrit les mœurs des mineurs comme suit :

> [...] Il est évident que le surmenage de tous les mineurs doit fatalement engendrer l'ivrognerie. Quant aux rapports sexuels, notons que dans les mines, en raison de la chaleur ambiante,

> hommes, femmes et enfants y travaillent dans la plupart des cas quasi nus, et chacun peut imaginer quelles en sont les conséquences dans la solitude et l'obscurité de la mine. Le nombre des enfants adultérins, anormalement élevés dans ces régions, témoigne de ce qui se passe dans les mines, mais prouve aussi que les rapports illégitimes ou contre nature n'ont pas sombré.

Au plan culturel, il faut noter tout un ensemble d'événements, de sacrifices aux ancêtres qui réunit toutes les couches sociales, dans un même endroit, et qui est susceptible d'augmenter la dégradation des mœurs. Nous pouvons citer :

- la fête de ***Nama*** (fêtée chaque année après la saison de culture) ;
- la fête de ***Marabayassa*** (pour conjurer les mauvais esprits et sceller un pacte avec les djinns pour une saison d'orpaillage bénéfique).

Le *Marabayassa* est une sorte de carnaval, où femmes et hommes se déguisent, chantent et dansent ensemble, suivant les rythmes endiablés des pots et autres ustensiles, jusqu'à la forêt. Arrivés sous le caïcédrat, généralement jugé comme un arbre mythique parce que séculaire, les participants au *Marabayassa* font le tour de l'arbre, jettent leurs objets puis courent en vive allure ; le dernier de la course est considéré comme le « sacrifié ».

Après cette pratique rituelle, les populations organisent une grande fête, en espérant une bonne saison d'orpaillage.

À l'heure de détente, certains orpailleurs fréquentent les tentes généralement confectionnées avec du bois et de la paille qu'ils appellent « *nafa* », afin de pouvoir discuter avec les femmes, et de « fumer un peu de chanvre pour rester en forme et supporter l'étroitesse des trous », affirment-ils. Voici ce qu'en dit Kaba, un orpailleur de Tenkoto :

> L'orpaillage est une affaire d'homme, les temps sont durs, donc nous devons nous débrouiller pour avoir quelque chose. [...] Moi, j'ai ma femme ici hein ! Mais elle ne sait pas que j'ai une copine qui vient de Kédougou. Elle vend des beignets ; quand je descends le soir, je vais chez elle et on cause bien [...] Je lui donne de l'argent pour qu'elle ne me lâche pas pour quelqu'un d'autre [...] la saison est courte, il faut travailler mais aussi vivre.

7.5. L'orpaillage comme vecteur de propagation des IST et VIH-SIDA

Aux confins du Sénégal, entre le Mali et la Guinée, les milliers de femmes et d'hommes qui cherchent de l'or attrapent trop souvent le VIH-SIDA. Selon les associations et le personnel médical rencontrés dans la zone, la progression de l'épidémie du sida est dans cette région une vraie « bombe à retardement ». La ruée vers l'or de Tenkoto a débuté dans les années 80, alors qu'on détectait à Dakar les premiers cas de sida. Les ressources aurifères de cette région, située dans l'extrême sud-est du Sénégal, étaient alors exploitées par une poignée d'orpailleurs, prêts à creuser des mètres sous terre pour quelques paillettes et de petites pépites. Le bruit s'est quand même répandu et, depuis lors, des hommes venus d'autres régions du Sénégal mais aussi du Mali, de Guinée, de Gambie ou encore de la lointaine Côte d'Ivoire grossissent les rangs des ruraux, femmes, hommes et enfants creusant la terre rouge sous le soleil cuisant. Le recensement de 2002 a estimé à 115 000 le nombre d'habitants vivant dans la région. Mais nul ne sait en réalité combien et où sont ces hommes venus chercher fortune dans les mines d'or autour de Tenkoto, Bantankho, Khossanto et de Kédougou, une vaste zone aurifère située à environ 750 kilomètres de Dakar. « L'or, souligne un responsable d'une ONG locale intervenant dans cette région depuis des années, fait pousser le village et avec, les cas de sida détectés ; une chose est sûre, l'augmentation du taux d'infection sera vertigineuse [...]. » En effet, le taux de prévalence du VIH à Tenkoto a atteint 6,25% en 2005, contre environ 3,5% à Kédougou et 0,7% dans l'ensemble du Sénégal ; des chiffres partiels mais qui révèlent les dangers que courent ces populations isolées et sous-informées. À Tenkoto, le sida touche en majorité des filles, âgées de 16 à 24 ans, selon les statistiques locales. L'orpaillage réunit toutes les conditions pour que le sida se propage avec le manque de moyens mis à la disposition du personnel médical et des associations de lutte contre l'épidémie. Ainsi, en dépit de la volonté affichée par le gouvernement de décentraliser la lutte contre le sida, il a fallu attendre décembre 2005 pour qu'un centre de dépistage volontaire et anonyme soit installé à Kédougou, au grand soulagement des médecins locaux, également formés pour prescrire des médicaments anti-rétroviraux. Selon les autorités médicales rencontrées, 86% de la population du département vivent en zone rurale, dans des villages souvent très isolés, à deux ou trois heures de vélo (le mode de transport le plus répandu). Du coup, la majorité des habitants et des migrants, la plupart des chercheurs d'or n'ont pas accès à l'information sur les modes de prévention et de transmission du VIH. Ces populations « sont très conservatrices, le sexe est tabou, on n'en parle pas publiquement et les gens sont méfiants [...] il y a des zones du département où les populations ne savent même pas ce qu'est le sida ». À ce manque d'informations s'ajoute une forte mobilité des orpailleurs, généralement des hommes jeunes et célibataires qui se déplacent fréquemment à la recherche de nouveaux filons, suivis de près par les femmes et les enfants. Pour avoir leur « part du gâteau », des femmes ouvrent de petits restaurants et se prostituent clandestinement. Cet état de fait est corroboré par le témoignage d'un relais communautaire qui soutient que : « La plupart des hommes étant célibataires, alors ils n'hésitent pas [...] la sexualité ici n'est pas un problème, les gens font comme ils veulent ». Dans le système de croyances et de représentations socioculturelles et mentales des orpailleurs, l'or est « une chose mystique ». Pour gagner de l'argent, les orpailleurs ont recours à toutes sortes de croyances, certaines dangereuses pour leur santé et la survie de la communauté. « Des génies se cachent et il faut faire certaines pratiques pour que les génies libèrent l'or. Comme par exemple avoir des rapports sexuels avec une jeune fille vierge ». Ce référentiel culturel favorise une sexualité débridée des jeunes et les rend vulnérables au VIH. Selon le coordonnateur de l'ONG « La lumière », « Tenkoto est aujourd'hui une véritable poudrière, même s'il n'est pas un cas isolé dans une région qui compterait plusieurs dizaines de sites miniers ».

CHAPITRE VIII

IMPACTS DE L'ORPAILLAGE SUR L'ENVIRONNEMENT ET LA SANTÉ DES ORPAILLEURS

Au Sénégal comme ailleurs dans la sous-région, l'impact des exploitations minières artisanales sur l'environnement varie en fonction des contextes géographiques, des substances exploitées et des méthodes utilisées.

Dans les techniques de l'orpaillage traditionnel, les risques et les dangers pour l'environnement physique se traduisent par des déboisements, la destruction du couvert végétal et de sols, la pollution des ressources en eau résultant souvent de l'usage de produits chimiques dans les traitements.

Sur les sites d'orpaillage, on constate que les normes d'exploitation aux plans de la santé, de la sécurité et de l'environnement sont pratiquement inexistantes et le suivi des activités minières un peu laxiste. Cela est certainement dû à l'absence de lois et règlements précis sur la question. L'orpaillage étant considéré comme activité informelle, le code minier et son décret d'application ne mentionnent aucune sanction à prendre en cas de non-respect dudit code. Il se pose alors un réel problème d'applicabilité des textes et règlements portant application des codes (minier et environnement). S'agit-il d'une incompréhension ou d'une méconnaissance de la part des orpailleurs ? Ne faudrait-il pas songer à une traduction des codes en langues nationales ? Une meilleure protection de l'environnement ne peut se faire que lorsque les orpailleurs prendront conscience des dégâts causés à leur propre cadre de vie. La convention mentionne cependant parmi les documents à présenter pour l'obtention du permis d'exploitation, l'étude d'impact sur l'environnement.

De même, au Sénégal, il y a un problème d'applicabilité de la loi sur la protection de l'environnement (Article L 86). Il s'y ajoute le fait que les structures chargées du suivi et du contrôle des activités minières ne disposent pas de ressources humaines qualifiées et en nombre suffisant pour concevoir et gérer les politiques environnementales du secteur minier.

La présence massive des orpailleurs sur le même site s'accompagne souvent d'une coupe abusive de bois pour faire face aux besoins d'habitation et de chauffe. La destruction des végétaux se trouve renforcée aussi par la recherche de pépites, qui sont réputées se trouver surtout entre les racines de certaines plantes. Il en résulte une dégradation des terres, qui sont alors rendues impropres à l'agriculture. L'importance du défi économique dans le cadre des objectifs du millénaire nous contraint à affronter le problème de la survie des orpailleurs.

L'environnement pourra-t-il supporter sans risque d'effondrement majeur les modes de production et de consommation actuels et futurs des orpailleurs ?

Notre principale préoccupation relative aux interactions entre l'environnement et la population (orpailleurs) portera sur la déperdition des ressources non renouvelables (or) mais également combustibles (bois utilisé par les orpailleurs pour des besoins de chauffe) et leurs disponibilités futures.

8.1. Impacts sur l'environnement

L'environnement est constitué par l'ensemble des éléments vivants et non vivants. Il peut être perçu comme un système composé d'éléments relevant aussi bien des sciences naturelles que des sciences humaines. Ces éléments sont en interrelation dynamique.

Ce système dont l'homme est un des éléments peut être perturbé dans son fonctionnement par l'action anthropique générant ainsi des problèmes d'environnement variant dans le temps et dans l'espace.

Nous pouvons donc noter que c'est l'ensemble des éléments physiques, chimiques, biologiques et des facteurs socioéconomiques, culturels, relatifs à un groupe humain, à un individu ou à un organisme vivant, qui agissent plus ou moins sur lui, et qu'il peut plus ou moins transformer.

Ainsi, l'orpaillage porte atteinte à l'environnement ainsi défini, en faisant reculer la forêt, en participant à l'érosion des sols et à leur épuisement progressif, de même qu'à la dégradation des forêts et à la dissémination de la faune. L'orpaillage agit donc directement sur l'écosystème, qui est une unité écologique de base formée par le milieu (biotope) et les organismes animaux, végétaux et bactériels (biocénose) vivant en commun dans ce milieu.

Suite aux fréquents déplacements des orpailleurs vers d'autres sites plus riches, des centaines de puits sont parfois abandonnés, et offrent ainsi le sol au ravinement et à des processus d'érosion intensive, aboutissant à une destruction totale du couvert végétal. En l'absence d'un encadrement et d'une sensibilisation des orpailleurs par les agents de protection des Eaux et forêts sur les concepts de préservation de l'environnement, les exploitations traditionnelles conduisent très souvent à une destruction écologique sans précédent.

Il existe plusieurs catégories de nuisances liées à l'activité de l'orpaillage en milieu forestier, quand elles sont faites sans application de la réglementation : c'est ce qu'on appelle « **l'orpaillage sauvage** » comme il est couramment pratiqué dans les couloirs d'orpaillage de la zone de Kédougou et dans les pays limitrophes (Mali, Burkina Faso).

Les impacts de cette activité sur le milieu naturel et les hommes sont classés par leur importance.

8.1.1. Orpaillage sauvage et dégradation des sols

La gestion des sols constitue un casse-tête chez les orpailleurs. La poursuite effrénée du gain détermine le type de comportement vis-à-vis des sols aurifères.

Les préoccupations de l'orpailleur sont immédiates : trouver de l'or quelles que soient les circonstances et les conséquences connexes. Se confiant à nous, un chef de *dioura* à Khossanto souligne :

> L'orpaillage dégrade les sols et diminue la pluviométrie dans la zone. Mais étant donné qu'on ne peut pas s'en passer, car étant une vieille pratique et en même temps une stratégie de survie pour nous et notre famille, on essaye de sensibiliser les orpailleurs pour qu'ils ne laissent plus les puits à ciel ouvert [...] mais le problème est que personne ne respecte les règles.

Photo 19 : Orpaillage et dégradation des sols

Les sols sont grevés aussi bien par les pré-conditions que par les conditions de l'orpaillage. Dans les pré-conditions, les orpailleurs procèdent au décapage, à la coupe abusive des arbres et arbustes au niveau des sites, afin d'obtenir un périmètre complètement dénudé, dans lequel ils s'activent.

Après l'exploitation « sauvage » d'un placer aurifère quand il n'y a pas de remise en état, les sols ne reprennent plus leurs droits. Les sols pollués, retournés, compactés, limitent la re-végétalisation longtemps après qu'ils sont laissés à l'abandon.

Dans l'orpaillage traditionnel donc, la technique d'extraction consistant à ramener le minerai et la terre infertile en surface appauvrit les sols et les rend plus sensibles à l'érosion éolienne et hydrique. Par ailleurs, les risques d'effondrement des puits et galeries rendent les sites impropres à toute autre utilisation (élevage et agriculture). Une dégradation importante et rapide des sols s'en suit, ainsi que la perte du couvert végétal.

Avec l'orpaillage, beaucoup de puits sont abandonnés et exposent ainsi le sol au ravinement et à des processus d'érosions intensives, aboutissant à une destruction totale du manteau superficiel. Dégradation des sols, pollution des eaux de surface et des nappes phréatiques, destruction des habitats naturels et beaucoup d'autres effets indésirables pour la santé et le bien-être des populations, tels sont, entre autres, quelques désagréments de l'extraction des minerais. Selon l'agronome

Innocent Butare, administrateur de programme au CRDI et responsable de l'étude sur le développement du secteur minier et environnemental dans les pays de la ceinture sahélienne de l'Afrique de l'Ouest, « l'exploitation minière a de sérieuses incidences sur l'environnement aussi bien sur la terre, l'eau, les ressources animales et végétales que sur la santé humaine, surtout avec la contamination des eaux. L'environnement dans la zone du Sahel est déjà fragile, indique l'agronome, et il faut ajouter aux problèmes habituels, ceux de l'exploitation minière, qui sont généralement irréversibles ».

Fossés remplis d'eau stagnante, monticules de sable et gravillons, fûts vides, matériels et outillages de chantiers, baraquements sont les vestiges et témoignages de l'orpaillage sauvage.

Photo 20 : Puits abandonné sur un site d'orpaillage

S'agissant du comportement des acteurs, mentionnons que l'État n'assure pas toujours un suivi environnemental des activités minières et ne dispose pas de directives et normes nécessaires à ce suivi par manque de personnel qualifié.

Les exploitants industriels assurent le remblaiement de certaines zones exploitées mais, par manque de suivi de la part de l'administration, ils ne prennent pas toutes les dispositions nécessaires à la protection des sols.

Les exploitants artisanaux (orpailleurs), quant à eux, ne se préoccupent pas de problèmes environnementaux : « Face à une question de survie, l'environnement et la santé ne sont pas prioritaires ».

Les populations allochtones sont impliquées dans l'exploitation artisanale et manquent de sensibilisation pour la protection des sols.

8.1.2. La destruction et la dégradation des forêts

Les travaux d'exploration minière au Sénégal oriental occasionnent la déforestation et le déboisement lors de l'ouverture des voies d'accès, des pistes et du creusement des puits et des tranchées.

Sur les sites d'exploitation artisanale d'or dans la zone de Kédougou, le bois est coupé pour les besoins de l'exploitation et du traitement du minerai, ainsi que pour les besoins domestiques.

L'orpaillage inflige beaucoup de dommage à la forêt. Les sites se sont pour la plupart recroquevillés à l'intérieur des forêts. Ce qui engendre un déboisement et une déforestation pour pouvoir bien mener l'activité d'orpaillage.

La demande en bois de chauffe est importante : les femmes sillonnent la forêt pour ramasser du bois à des fins culinaires. Quant aux hommes, ils utilisent le bois pour la construction des cases, des hangars, etc. Le fonçage tous azimuts de puits ou trous-mines sur les sites contribue à la dégradation du couvert végétal.

« Dans les couloirs d'orpaillage, le déboisement peut être ralenti par le recours à l'**agroforestage**, méthode qui diminue aussi l'érosion des sols, élève le niveau des nappes phréatiques, augmente la disponibilité en bois de chauffage, et atténue le labeur des femmes orpailleuses, à qui il incombe de chercher l'eau et de ramasser le bois », selon un ingénieur du Centre de suivi écologique (CSE).

Photos 21 et 22 : Dégradation des forêts et menace du couvert végétal

L'État a adopté beaucoup de textes réglementaires pour la protection des forêts, mais reste confronté à un déficit de personnel qualifié pour le suivi des activités de reboisement. Les populations sont impliquées dans les activités d'orpaillage, qui leur servent souvent d'activité d'appoint, et ne se soucient pas du couvert végétal.

Au niveau des zones d'exploitation industrielle (Sabodala), les populations considèrent souvent que les avantages de l'exploitation minière sont plus importants que les inconvénients et ne se plaignent pas des dégradations causées à leur environnement par ces multinationales.

8.1.3. La dissémination et la détérioration des habitats de la faune

L'affluence de plusieurs personnes sur les sites d'exploration et d'exploitation entraîne la fuite de la faune sauvage. Les activités de chasse et de braconnage contribuent également à la disparition des animaux dans les zones d'exploitation. Le département de Kédougou dispose d'importantes ressources fauniques, riches et variées, mais mal connues.

Cet atout a permis le développement d'activités de tourisme cynégétique, de vision et de safari-photo dans le parc national de Niokolo-koba (913 000 ha) à quelques kilomètres du site aurifère de Mako.

L'activité touristique produit en moyenne des recettes annuelles de 40 millions de francs dont 26,4 millions tirés du parc de Niokolo-koba, soit 66% des recettes du secteur (DSRP). Le département de Kédougou qui concentre le plus vaste domaine de chasse procure 59% des recettes de cette activité. La découverte de nouveaux sites, ainsi que le braconnage des orpailleurs à des fins de survie favorisent la dissémination et la régression des ressources fauniques, ainsi que le rétrécissement continu de leur habitat naturel suite à la déforestation.

La détérioration des habitats de la faune apparaît comme l'une des principales manifestations de la dégradation des écosystèmes.

En effet, les zones d'orpaillage sont actuellement confrontées à une réduction drastique des aires de peuplement. Dans le même temps, nous constatons que la dynamique de reconstitution des populations animales est profondément perturbée par les activités d'orpaillage.

Pendant la durée de l'exploitation d'un site, la prédation humaine sur la faune est une pression supplémentaire exercée par l'homme sur le milieu. Le gibier entre pour une part importante dans l'alimentation des orpailleurs et des espèces telles que les perdrix, phacochères, antilopes, etc. figurent au menu des restaurants.

Le bruit, les odeurs, l'ouverture de clairières, de pistes et la déforestation sont autant d'atteintes à l'environnement des animaux. Ces nuisances font que les animaux ont tendance à s'éloigner du périmètre du parc. Sur certains sites, des antilopes, des Kobe de Buffon, des guibs harnachés, etc. tombent très souvent dans les puits abandonnés par les orpailleurs.

C'est sur le site de Bantanko que nous avons rencontré un jeune orpailleur à la recherche de gibier dans les trous-mines abandonnés : « Chaque soir, vers 18 h, je fais une petite promenade aux alentours pour voir si une biche ou une petite bête n'est pas tombée dans un trou [...] parfois je découvre une antilope et j'appelle mes amis pour qu'on fasse sortir l'antilope, qui souvent reste en vie. On se débrouille pour la sortir, on la ramène au village, soit on la mange, soit on la vend aux touristes ».

Photo 23 : Puits abandonné à l'intérieur des buissons par les orpailleurs : danger pour la faune

8.2. Problèmes d'hygiène et de santé sur les sites

Les sites d'orpaillage constituent des zones d'attraction pour un grand nombre d'individus dont l'importance et la durée de séjour sont en fonction de la productivité et de l'étendue du placer ou du filon.

Les conditions d'hygiène et de santé sont déplorables sur les sites d'orpaillage : poussière, eau boueuse, déchets domestiques dont beaucoup de tas de piles de lampes torches après usage (effets nocifs des produits contenus dans les piles).

L'activité d'orpaillage crée donc des problèmes de santé d'origine infectieuse, parasitaire, accidentelle ou nutritionnelle. Ainsi, les maladies les plus fréquentes sont les maladies diarrhéiques et de l'appareil respiratoire, les dermatoses, les **MST** et le **SIDA**, etc.

Le droit à la santé est reconnu par la constitution du Sénégal qui dispose en son article 14 que « l'État et les collectivités ont le devoir de veiller à la santé physique et mentale de la famille ».

Alors, cette disposition engage l'État à assurer une bonne santé et un cadre de vie sain aux populations. Il faut signaler par ailleurs que le Sénégal a adopté la déclaration d'**Alma Ata de 1978** sur les soins de santé primaire (**SSP**), ainsi que celle du sommet de **Copenhague de 1995** relative à la lutte contre la pauvreté. L'adoption de ces déclarations doit conduire les pouvoirs publics à mieux prendre en compte la dimension environnementale dans leurs politiques de développement.

Sur les sites d'orpaillage, les orpailleurs créent en général des habitats spontanés à proximité des sites d'extraction. Ces abris sont dépourvus de toute infrastructure hygiénique. Le cadre de vie de notre zone d'étude est essentiellement affecté par les maladies endémiques (ver de Guinée, onchocercose) et le péril fécal. Le ver de Guinée, maladie liée à la mauvaise qualité de l'eau, sévit particulièrement dans la zone sud, le long de la Falémé.

Les orpailleurs se servent au quotidien des eaux des marigots et des rivières, car n'ayant pas d'eau potable.

Malgré les actions du programme de lutte contre l'onchocercose, la maladie de la cécité des rivières reste encore préoccupante dans les couloirs d'orpaillage, compte tenu des conditions favorables au développement de l'agent pathogène, mais aussi de son impact négatif sur la productivité. Le manque d'hygiène est partout généralisé ; les orpailleurs éprouvent ainsi de grandes difficultés pour jouir d'une bonne santé et les enfants sont les premiers à en subir les conséquences. Le signe pathologique majeur du manque d'hygiène est la diarrhée, maladie qui affecte un orpailleur sur cinq (1/5) sur une période de deux semaines. Les sites ne disposent pas d'infrastructures d'assainissement (latrines), les orpailleurs font « leurs besoins » dans la nature. Ce manque d'hygiène favorise le développement du péril fécal qui constitue un problème réel d'assainissement en milieu rural. En effet, comme le montrent les données du dernier recensement général de la population, l'usage de la latrine n'est pas encore généralisé dans notre zone d'étude. Il n'y a pas de latrines sur les sites d'orpaillage qui, parfois, peuvent être distants de 2 à 5 km des villages.

Au niveau individuel, les comportements gestuels par rapport aux matières fécales, surtout les fèces d'enfants dans le placer et même d'adultes, posent problème. En effet, l'usage du savon n'est pas courant du fait des représentations et croyances traditionnelles ne favorisant pas l'hygiène et la propreté sur les sites d'orpaillage : « Le savon porte malheur à un chercheur d'or ! », disent-ils.

D'autre part, les orpailleurs ne respectent pas les règles d'hygiène alimentaire. Il est fréquent de trouver des marchands ambulants qui vendent des produits frais, mais aussi des aliments cuits qu'ils gardent pendant plusieurs jours.

Au niveau collectif, les pratiques sont les mêmes ; les orpailleurs ne se soucient pas de l'hygiène, comme si la saleté était une vertu pour augmenter la productivité. Les excréments sont souvent déposés sur le sol avec des germes pathogènes ; l'environnement est ainsi souvent pollué. Cet état d'insalubrité favorise la prolifération de maladies diverses.

L'État exige des exploitants industriels la construction de centres de santé sur les sites miniers, mais rencontre d'énormes difficultés. Ces centres, même s'ils sont créés, ne disposent pas de plateau technique suffisant ou de personnel qualifié. Les populations préfèrent se rendre à Kédougou pour se soigner. L'hygiène et la santé sont des questions comportementales ; d'où l'urgence pour les prestataires de service de développer des activités de sensibilisation pour un changement de comportement et d'attitude.

8.2.1. Les maladies contractées sur les sites d'orpaillage

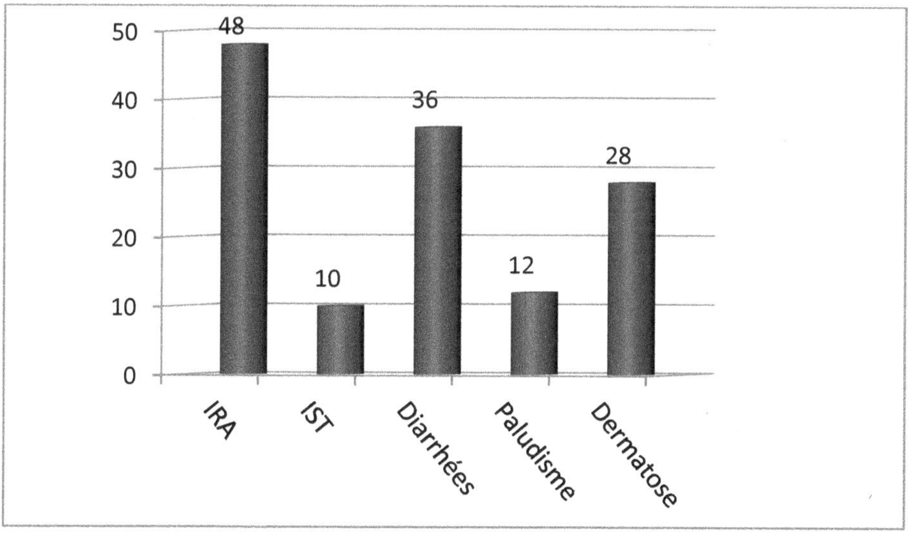

La dégradation de l'environnement est à l'origine de plusieurs contraintes sanitaires, dont les plus importantes concernent :

- la mortalité infanto-juvénile, qui reste très importante à cause de la prévalence des maladies diarrhéiques, de la malnutrition sur les sites d'orpaillage, des infections respiratoires aiguës (**IRA**), favorisées par l'humidité et la poussière issue du concassage artisanal des blocs de terre aurifère ;

- le taux élevé de mortalité maternelle s'expliquant par la non-systématisation des consultations prénatales du fait du manque de structure de santé, mais aussi de la dureté du travail chez les femmes enceintes ;

- la précarité de la santé des adolescents, liée à plusieurs facteurs (sexualité précoce, prévalence des infections sexuellement transmissibles, la toxicomanie, les grossesses précoces, etc.), de même que la persistance des endémies locales qui s'accompagnent d'une recrudescence des affections à longue durée.

Sur les différents sites visités, les maladies les plus courantes enregistrées sont surtout le paludisme (**9%**), les diarrhées (**27%**, les infections respiratoires aiguës, IRA (**36%**), les dermatoses (**21%**) et les infections sexuellement transmissibles (**7%**). Ces maladies ne sont pas traitées à temps par les orpailleurs, c'est pourquoi elles sont souvent mortelles. Les **IRA** sont plus fréquentes sur les sites ; cela s'explique par le contact quasi permanent avec la poussière et l'humidité dans certains puits. Les puits et les flaques d'eau, destinés au lavage du sable aurifère, favorisent la reproduction des moustiques et la recrudescence du paludisme.

Les **IST** (Infections sexuellement transmissibles) ont un bon record, et risquent de se multiplier avec les situations de ruées non maîtrisées ou endiguées, avec leur corollaire : la promiscuité et la chaleur.

De même, certains orpailleurs manifestent des symptômes propres à la silicose, d'autres souffrent d'asthénie due à la dureté du travail, surtout concernant celui des hommes. À cela s'ajoute une alimentation non variée, essentiellement basée sur la consommation des céréales comme le mil, le sorgho, le fonio ; ces denrées sont généralement pauvres en oligo-éléments et en nutriments protéino-énergétiques. Ce qui occasionne un état nutritionnel précaire, et fragilise la santé des orpailleurs notamment les femmes enceintes.

Avec le manque de structures sanitaires, les orpailleurs ont recours à la médecine traditionnelle, qui s'inscrit dans la spiritualité reliée à la culture ancestrale. Elle vise à soigner le corps autant que l'âme malade. Elle s'administre à travers une plante médicinale, un objet, un remède, une parole incantatoire.

8.2.2. Dangers et risques encourus par les orpailleurs

La réduction de la vulnérabilité des orpailleurs implique la compréhension de la notion de risque, d'exposition au risque et les moyens les plus efficaces pour gérer ce risque. Le risque se caractérise donc par une distribution probable d'événements. Selon Haroun Tazief, « le risque est une menace sur l'homme et son environnement direct, sur ses installations [...] dont la gravité est telle que la société se trouve absolument dépassée par l'immensité du désastre ».

La mobilité des orpailleurs et les facilités en termes de procuration facile de certains produits toxiques, compte tenu des pays environnants (Mali et Guinée), constituent des facteurs de risque pour la communauté.

Les risques ne menacent pas seulement les orpailleurs et les ménages, mais aussi les communautés. En général, nous faisons la distinction entre risques affectant les communautés (risques collectifs appelés aussi « *risques covariants* ») et ceux affectant les individus (risques individuels ou risques « *idiosyncratiques* »). Il s'agit donc d'événements à portée incertaine qui, lorsqu'ils se réalisent, deviennent des chocs (matérialisation du risque).

S'agissant des conditions de travail sur les sites d'orpaillage, elles sont souvent à haut risque et d'une grande pénibilité en particulier pour les femmes et les enfants souvent omniprésents dans les aires de traitement. Bien que rarement déclarés, les accidents mortels ou invalidants sont fréquents à l'extraction (éboulements, affaissements de terrain, asphyxie, venues d'eau soudaines, etc.), et les conditions opératoires de traitement du minerai peuvent à long terme être à l'origine de graves séquelles pour les orpailleurs (exposition sans précaution à la poussière de roche, aux bruits, aux vibrations, etc.).

Les impacts négatifs associés à l'orpaillage peuvent être classés suivant leur importance sur le milieu naturel et les hommes. Le plus grave et plus nocif est la pollution induite par les rejets de mercure sur le milieu et qui par conséquent portent atteinte à l'homme, qui y vit. Le mercure est utilisé pour le traitement du minerai, sans précaution. C'est dans le village de Tenkoto que nous avons vécu en direct une expérience sur l'usage du mercure par une jeune femme orpailleuse. Voici en quels termes se confie-t-elle à nous : « Ce produit est indispensable dans l'amalgamation de l'or, tous les orpailleurs l'utilisent, il y en a qui se cachent pour l'utiliser. [...] Souvent ce sont les Maliens, qui nous vendent le mercure blanc [...]. Sans le mercure, le travail de l'or devient difficile ». La propriété que le mercure a d'amalgamer l'or est employée pour dégager l'or fin de la boue. Après avoir été broyé et tamisé, le minerai est combiné au mercure qui adhère à l'or pour former un amalgame compact que les orpailleurs appellent en langue locale (diakhanké) « *sanou deggo* ». Il faut noter que les orpailleurs utilisent 50 g de mercure pour 100 g d'or. Le mercure provient pour l'essentiel des pays voisins et se vend entre 1000 et 2000 francs CFA les 10 g.

Pour rappel, voici la méthodologie employée par les orpailleurs aujourd'hui :

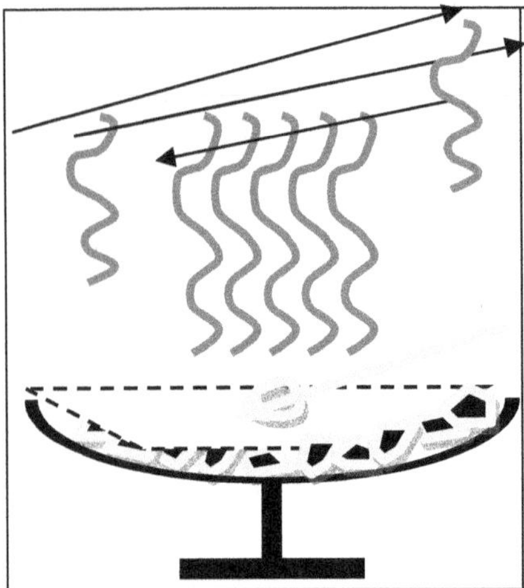	Vapeurs de mercure Amalgame	
Fig : Fonctionnement du brûlage traditionnel		*Photo :·Brûlage de l'amalgame en plein air sur le site de Bantanko*

Les mineurs chauffent l'amalgame pour évaporer le mercure et récupérer les pépites d'or, qui s'en détachent. Sous cette forme, le mercure est d'une telle toxicité que la technique de l'amalgamation présente un danger non seulement pour ceux qui procèdent à l'opération, mais aussi pour tout l'entourage. Selon le Professeur Amadou Diouf, toxicologue, « l'exposition chronique au mercure entraîne divers troubles neurologiques, dont une vision floue, des tremblements, des malaises et des pertes de mémoire ». Toutefois, il faut noter que si cette opération (amalgamation) n'est pas réalisée à l'aide d'un alambic permettant la récupération du mercure évaporé, celui-ci devenu gazeux va se transformer en méthylmercure : une dangereuse source de pollution, qui entrera dans la chaîne alimentaire. Les matières minérales en suspension colorent d'une teinte jaunâtre l'eau en aval. Cette même eau est utilisée dans les travaux domestiques ; ce qui cause d'énormes dégâts à la santé des populations. Les sols pollués, retournés, compactés limitent la re-végétalisation, longtemps après qu'ils sont laissés à l'abandon. Pendant la durée de l'exploitation d'un site, la prédation humaine sur la faune est une pression supplémentaire exercée par l'homme sur le milieu. Le gibier entre pour une part importante dans l'alimentation des orpailleurs. La présence du mercure dans la chaîne alimentaire est un danger pour la santé des populations. « Lorsque le mercure est rejeté dans les rivières, renchérit Professeur Amadou Diouf, des bactéries peuvent se transformer en sa forme organique, très toxique, le méthylmercure. Il peut ainsi être absorbé par les micro-organismes aquatiques et les insectes que mangent les poissons. Ces poissons servent de nourriture à de plus gros poissons, lesquels sont ensuite mangés par les humains, qui reçoivent la plus forte concentration de la substance toxique. »

Photo 25 : Risque de contamination des eaux des rivières par le mercure (site de Bantanko)

Photo 26 : Utilisation du mercure dans l'amalgamation de l'or (site de Tenkoto)

Du point de vue humain, les impacts sont nombreux et souvent liés entre eux.

Ils sont pour la plupart liés à l'enclavement de la zone, mais aussi à l'exercice des tâches dans les placers. Les dangers les plus aigus se posent lors des ruées.

Cette dynamique migratoire spontanée aboutit rapidement à une surpopulation sur des sites restreints et à un état de promiscuité extrême. Elle rassemble dans la clandestinité une communauté d'individus d'origine pluriethnique, mobiles et parfois méfiants ayant tendance à négliger certains repères culturels traditionnels ; une situation qui favorise les conflits.

Si la ruée engendre une nouvelle forme d'organisation sociale, celle-ci reste artificielle, éphémère et déstructurée par rapport aux systèmes coutumiers. S'ajoutent à cela des difficultés de non-scolarisation des enfants, qui participent alors très jeunes aux travaux miniers. Les sites d'extraction sont souvent isolés en brousse et ne disposent pas de centre de santé ou de personnel médical. Les blessés et les malades doivent parcourir de longues distances dans des conditions difficiles pour rejoindre un centre de soins. Il n'y a aucun véhicule d'évacuation de malades.

En réalité, on ne trouve des postes de santé que dans les communautés rurales et les soins de services fournis par ceux-ci sont loin d'être satisfaisants.

Par exemple en cas de maladie grave, l'orpailleur de Sabodala est obligé de parcourir 20 km pour atteindre la structure sanitaire la plus proche se situant à Khossanto. En outre, au regard des risques physiques et des difficultés liées à l'extraction de l'or dans les sous-sols, la quasi-totalité des orpailleurs ne peut se passer de recourir à des stupéfiants et à diverses amphétamines : pour être en forme pour le travail dans les tranchées, il leur faut nécessairement ces « comprimés jaunes, blancs ou bleus », car c'est ce qui leur permet de supporter l'ardeur de travail en leur procurant de la vitalité et du tonus.

N'expliquent-ils pas que, sans le « bleu-bleu », le « M.10 » ou le « la Guinée », « aucun homme n'accepterait de descendre dans ces puits très profonds, *a fortiori* d'y rester des heures à la recherche du métal précieux ! [...] une tête légère ne peut pas rester longtemps dans le trou et trouver de l'or », raconte un jeune orpailleur. Cette situation crée une dépendance, encourage la toxicomanie pouvant à long terme occasionner une folie.

Il ne faut surtout pas négliger non plus les perturbations de l'habitat. Le bruit, les odeurs, l'ouverture de clairières, de pistes et la déforestation sont autant d'atteintes à l'environnement. Des mesures préventives de travail, de remises en état existent pour limiter au maximum les dégradations provenant de cette activité. Cependant, elles ne sont pas vraiment appliquées par les orpailleurs légaux ou illégaux, car elles sont coûteuses ou méconnues. De plus, elles sont très rarement imposées par l'administration et surtout peu souvent contrôlées.

Toutefois, il est clairement ressorti de notre étude que devant des questions de survie, la santé et l'environnement sont relégués au second plan et laissent indifférentes les populations. Or, l'orpaillage est avant tout lié à la pauvreté dans son caractère le plus extrême ou absolu. Rares sont les orpailleurs qui cherchent ou peuvent réellement investir leurs revenus dans des secteurs ou activités lucratives ou rentables. Seuls les propriétaires de site d'orpaillage *(diouratigui)* peuvent à moyen terme disposer d'un capital relativement consistant leur permettant d'investir dans un secteur économique quelconque. L'orpailleur ordinaire inscrit son activité dans une logique de survie, qui risque de faire de lui un éternel orpailleur exposant sa vie à tout un ensemble de risques et dangers et faisant, par son action, subir à l'environnement de réels et divers types de dégradation. Les miettes qu'il tire de son travail ne lui servent généralement qu'à satisfaire des besoins primaires. Devant la faillite de l'agriculture, revenue à sa fonction initiale de culture vivrière, l'or ne reste que la seule richesse marchande et l'orpaillage, la seule activité véritablement génératrice de revenus. L'orpailleur aura ainsi toujours tendance à vouloir augmenter sa productivité pour s'assurer davantage des conditions de vie meilleures.

Ainsi, ignorant ou même connaissant les risques de l'usage du mercure sur sa santé et son milieu naturel, il aura tendance à minimiser une telle considération et cherchera à justifier cette pratique par le fait qu'elle lui permet de récupérer le maximum d'or possible et donc de pouvoir satisfaire pour le plus ses besoins humains. Il peut même arriver à trouver des vertus au produit chimique qu'est le mercure. Il n'est en réalité préoccupé que par son or et par ce que celui-ci peut lui rapporter en termes de revenus.

Dès lors que l'orpaillage reste une activité génératrice de revenus, et qu'il ne peut exister d'invendu du métal précieux, il importe de s'intéresser aux aspects socioéconomiques du phénomène dans le sens de la rationalisation de l'activité d'orpaillage. L'orpaillage ne peut en aucun cas être arrêté ni par décret juridique ou politique ni par une simple action sensibilisatrice sur ses impacts aux plans sanitaire et environnemental.

De la même manière, tant que subsistera cet état de survie qui caractérise le vécu quotidien des villages pratiquant l'orpaillage, l'utilisation du mercure dans le but de récupérer le plus d'or possible demeurera. Ainsi, un programme de sensibilisation ne peut réellement conduire l'orpailleur à renoncer à l'usage du mercure que dans la mesure où il cherche aussi à intervenir sur la situation socioéconomique de la zone dans le sens d'un développement local.

C'est pour cette raison que de nouvelles technologies sont introduites dans les couloirs d'orpaillage pour réduire les effets du mercure : c'est la technique des « *retorts* » (cornues manuelles), qui bénéficie d'une appropriation collective de la part des orpailleurs. Les « retorts » à trompe sont plus utilisés dans les zones d'orpaillage, car ils permettent au mercure sublimé de se condenser. Cette technologie a la particularité de récupérer le mercure sous forme liquide, qui peut être réutilisé pour une nouvelle amalgamation.

Encadré 3 : Histoire de vie de Moussa Diankha

Je m'appelle Moussa Diankha, j'ai 42 ans, je vis à Bembou, je suis venu ici à Bantakho, parce que ce site est plus productif. Mon père a été mineur pendant quarante ans, tout comme mon grand-père et mon arrière-grand-père, et pourtant il ne voulait surtout pas que l'un de ses huit enfants que nous sommes le fût. À 14 ans, j'ai commencé à travailler en cachette, en faisant de la mouture. Ce n'est qu'à l'âge de 19 ans que j'ai commencé à descendre dans les trous-mines. J'ai connu les conditions de travail traditionnelles. Je suis descendu dans des mines d'une profondeur de plus de dix mètres. J'ai parfois été obligé de ramper, car les trous étaient souvent exigus et il faisait tellement chaud qu'on travaillait en sous-vêtement […].
Un orpailleur qui n'a pas peur, c'est un inconscient, un fou !
Les risques sont multiples : éboulement, effondrement, venue subite d'eau, etc. […] Je suis reconnu silicosé, car la poussière que l'on respirait quotidiennement a envahi mes poumons. À part cela, j'ai de la chance, car si je ne suis à présent pas alité, certains de mes amis souffrent de tassements de vertèbres à force de porter de lourdes charges de sable aurifère.

En somme, ces dangers et risques liés à la pratique de l'orpaillage nous amènent à repenser la pratique en termes de formulation d'un ensemble de stratégies conduisant les orpailleurs à prendre conscience des impacts négatifs associés à l'orpaillage, en termes d'utilisation de produits toxiques (mercure, cyanure, arsenic) et de dégâts causés à l'environnement, dans le cadre de leurs activités. Le mercure peut être transporté à l'échelle planétaire dans l'atmosphère, il est également persistant dans l'environnement, circulant dans l'air, l'eau et les sols. L'effet toxique le plus grave est celui des dommages apportés au système nerveux central, notamment au cerveau, mais aussi au développement du fœtus.

Malgré les efforts déployés, l'orpaillage pratiqué dans la région de Kédougou représente une source certaine de rejets de mercure, qui doit être traité. Ce qui n'est pas facile dans un contexte de paupérisation accrue. C'est la raison pour laquelle il faudra envisager une approche étape par étape qui devra mettre en œuvre des pratiques moins dangereuses qui n'altèrent ni la santé des orpailleurs ni celle de leur famille, et qui réduiraient en même temps les rejets de mercure dans l'environnement. D'où la nécessité d'une sensibilisation des populations locales par une formation de certains orpailleurs censés pouvoir transmettre leurs connaissances à leurs pairs orpailleurs.

Notre recherche nous a permis de rencontrer dans chaque village ou sur chaque site d'orpaillage, des personnes qui ne se présentent pas comme des orpailleurs ordinaires, car disposant, en plus de leur pratique de l'orpaillage, d'un ensemble de connaissances singulières par rapport aux autres et occupant dans le contexte de leur village un statut de leader. La formation doit ainsi être menée auprès d'hommes rassembleurs et communicateurs. Elle devra pour ce faire être menée parallèlement à un programme de développement local, qui cherchera non seulement à réorganiser et à rentabiliser davantage l'activité d'orpaillage, mais aussi à intervenir dans les domaines de l'éducation, de la santé, et de la protection de l'environnement.

Conclusion partielle

Le Sénégal dispose d'un potentiel minier très important. Certaines ressources sont actuellement en cours d'exploitation et les activités d'exploration se poursuivent sur le terrain tant pour l'or que pour les métaux de base, le pétrole et le gaz. Le gouvernement du Sénégal a pris des mesures en vue de la promotion du secteur et a entrepris la révision du code minier pour l'adapter à l'évolution du secteur minier et encourager les sociétés minières internationales qui, malgré la baisse du cours de l'or, poursuivent leurs activités de recherche.

La révision du code minier prendra également en compte la nécessité de la préservation de l'environnement dans les activités minières.

En effet, le code actuel et ses textes d'application présentent d'énormes difficultés dans l'applicabilité des dispositions relatives aux points suivants :

- la préservation et la gestion de l'environnement ;
- la réhabilitation des sites à exploiter.

C'est la raison pour laquelle nous proposons les actions suivantes à entreprendre en vue d'aboutir à une modification progressive des comportements des différents acteurs pour une meilleure gestion des ressources naturelles. En cela, il faut mettre un accent particulier sur le renforcement de la mise en application des dispositions existantes en association avec les agents des Eaux et forêts.

Les tentatives d'organisation de ce secteur, en favorisant l'investissement des entrepreneurs étrangers, montrent que les approches trop sectorielles et trop ciblées ont amené la petite exploitation à se développer comme une sorte d'entrave économique. Car les retombées directes et immédiates ne seront profitables qu'aux seules populations locales. Par ailleurs, l'exploitation non réglementée ou clandestine d'une grande partie des petites mines prive les gouvernements de recettes fiscales et de données statistiques fiables. Alors que l'un des principaux désavantages de l'orpaillage réside dans la faiblesse du niveau de production par rapport à l'intensité de l'effort physique fourni.

S'agissant de l'impact de l'orpaillage sur l'environnement, nous pouvons mentionner, de façon générale, que les principaux problèmes environnementaux imputables à l'orpaillage sont les suivants :

- les chantiers « orphelins » représentent un réel danger pour la circulation des hommes et des animaux. Les anciens sites sont jalonnés d'excavation parfois très profondes (jusqu'à 20 ou 30 m) souvent camouflées par les eaux stagnantes ou la végétation secondaire composée de plantes rampantes ; véritables dangers pour les animaux du parc national de Niokolo-koba ;
- les exploitations alluvionnaires, qui s'accompagnent fréquemment d'une destruction des berges et d'apports massifs en sédiments, peuvent localement perturber l'équilibre des rivières. La contamination des eaux

par les boues peut entraîner un appauvrissement de la faune aquatique et ainsi limiter les activités halieutiques dans les rivières et marigots.

Enfin, comme toute agglomération humaine, nous observons sur les sites d'orpaillage une pollution de l'environnement par les déchets et les matières organiques et une accumulation importante de détritus et piles provenant des torches utilisées par les orpailleurs dans les mines.

Aujourd'hui, les écosystèmes naturels du département de Kédougou, particulièrement les écosystèmes du couvert végétal et de la faune sont sérieusement éprouvés par les actions anthropiques des orpailleurs.

Au rythme où avance le processus de dégradation, le résultat pourrait être un déséquilibre total des écosystèmes. Il est donc impérieux d'entreprendre des actions de préservation des écosystèmes, en réduisant le déboisement, en sauvegardant la faune et en maîtrisant le potentiel en ressources naturelles.

Le volet social doit être réellement pris en compte, notamment le statut des orpailleurs traditionnels, dont les activités d'exploitation artisanale ont pris de l'ampleur depuis la sécheresse de 1984. Généralement déguerpis des sites, par les grandes entreprises privées, ils devront leur salut et leur survie à une meilleure organisation, une professionnalisation avec des lois, qui les protègent, et une sensibilisation sur la sauvegarde de l'environnement, qui les entoure.

Le travail pénible des enfants, l'exploitation des femmes, la pauvreté et l'absence d'épargne, la promiscuité, la prostitution, la délinquance, les maladies et épidémies, le sida, la drogue et l'alcool sont autant de fléaux que subissent les familles d'orpailleurs dans leur quotidien. Ces anciens agriculteurs et éleveurs devraient retourner périodiquement à leurs terres et à leurs bétails dans le cadre de la diversification, mais il leur est aussi nécessaire de développer des activités alternatives comprenant impérativement un programme de reboisement.

CONCLUSION GÉNÉRALE

Nous venons d'opérer un éclairage sociologique sur une pratique séculaire, qui existe toujours dans l'univers mental des orpailleurs, malgré les difficultés et les contraintes techniques et environnementales.

Les catégories sociologiques peuvent influencer les conduites effectives des orpailleurs, car à considérer même que la compréhension de cet univers psychosocial et culturel des orpailleurs soit indispensable dans l'explication et l'interprétation de leurs conduites actuelles, force est de reconnaître que nous ne pouvons aujourd'hui occulter la question de fond, qui consiste à lever un coin du voile des déterminants sociologiques. Or, cet univers mental et socioculturel des orpailleurs reste partagé par une forte tradition, l'histoire passée (**diachronie**) et par la réalité actuelle en termes de changements opérés (**synchronie**).

À l'origine, l'orpaillage n'était pas une activité à forte nuisance sur l'environnement. Au regard des nombreux interdits et mythes, n'importe qui ne pouvait pas être orpailleur. Aujourd'hui, la pratique de l'orpaillage est banalisée, infantilisée et presque dépouillée de son caractère sacré. L'orpaillage est devenu une activité qui mobilise toute une communauté dans le seul but de détenir des revenus suffisants. Les orpailleurs constituent une « classe sociale » souvent marginalisée, car ne bénéficiant d'aucune politique de développement local.

L'État du Sénégal n'a pas encore pris conscience de l'importance de l'orpaillage pour les populations. C'est un rempart essentiel contre la pauvreté rurale et la précarité. Activité complémentaire ou de « passe-temps » à l'époque coloniale, l'orpaillage est devenu aujourd'hui plus que jamais l'une des activités les plus importantes de cette zone, et a tendance à surclasser l'agriculture, tributaire de la pluviométrie. Certains orpailleurs pensent même que l'orpaillage est plus important que l'agriculture dans la zone.

La production annuelle s'élève à plus de 500 kg d'or ; la moyenne étant 165 grammes par orpailleur. Selon certaines estimations, l'orpaillage mobilise près de 4 milliards de francs CFA sans contrôle rigoureux de l'État. Ces données chiffrées corroborent une irrationalité sur le plan économique, car la zone peut effectivement produire annuellement jusqu'à ½ milliard de nos francs, et pourtant elle est la plus pauvre du Sénégal !

Sur la base de cette grille d'analyse, nous voyons qu'un orpailleur peut gagner en moyenne jusqu'à 500 000 francs CFA, donc le double du revenu d'un cultivateur moyen produisant une tonne d'arachides par exemple. D'où la nécessité de développer cette pratique, en la rationalisant davantage, c'est-à-dire en essayant d'adapter les moyens à mettre en œuvre, par rapport aux fins escomptées. Cette alternative peut à long terme réduire les conséquences de certaines manifestations concrètes de la pauvreté :

- malnutrition ;
- mauvaise santé persistante ;
- insuffisance d'éducation scolaire ;
- logement de mauvaise qualité.

L'orpaillage peut occasionner une amélioration durable de la qualité de vie, à condition d'accorder la priorité maximale à la satisfaction des besoins élémentaires des orpailleurs, pour leur permettre au moins de survivre. La pauvreté n'est pas une fatalité, elle est juste un état ; d'où la nécessité de *penser le développement,* en termes de politiques cohérentes, dotées d'une *intelligence économique et sociale.*

S'agissant des impacts environnementaux de l'activité d'orpaillage, il est vrai qu'ils sont notoires. Cependant, la difficulté relève du manque de conscientisation et de sensibilisation des populations sur la nécessité de préserver l'environnement, mais également de la faiblesse du niveau de connaissance des orpailleurs. La connaissance de l'environnement et de son utilité pour la biodiversité par les orpailleurs favorisera l'arrêt de la destruction et de la dégradation des forêts. Cette approche volontariste des problèmes exige que soit examiné l'effet sur l'environnement de toutes les activités économiques, et que se dégage une nouvelle attitude d'esprit qui prend en compte les coûts de toute activité humaine pour l'environnement. Pour ce faire, des options de planification au niveau national méritent d'être privilégiées. Il s'agit de la gestion participative et décentralisée dans une dynamique d'amélioration des conditions de vie des orpailleurs, de lutte contre la pauvreté et de développement durable. En cela, il est fondamental de définir les principes stratégiques de la gestion environnementale et les éléments de conciliation avec le développement économique et social du pays. Les stratégies sectorielles de gestion des ressources naturelles devront désormais puiser dans des options efficientes de mise en œuvre en synergie avec les orientations stratégiques définies dans le cadre des exercices de planification et de gestion de l'économie nationale. La stratégie d'intervention repose d'abord sur un processus large à tous les niveaux pour permettre aux différents acteurs d'avoir une perception commune des problèmes et une adhésion aux réponses proposées. Tout en répondant prioritairement à la demande exprimée, les actions doivent faire suite à une réelle appropriation des solutions par les orpailleurs. Les différents acteurs devront développer en synergie leurs actions, afin que celles-ci gagnent en efficacité, en durabilité et en crédibilité. La transparence dans tous les processus de planification et de mise en œuvre des actions, élément essentiel de bonne gouvernance, doit être bien perçue par tous les acteurs.

ALTHUSER (L.), *Pour Marx*, Paris, Maspero, 1965.

ANSART (P.), *Les idéologies politiques*, Paris, PUF, 1974.

ANSART (P.), *Idéologies, conflits et pouvoir*, Paris, PUF, 1977.

ARNAUD (G.), *Rapport sur l'or au Sénégal*, Dakar, Gouvernement Général de l'AOF, février 1941.

ARON (R.), *La sociologie allemande contemporaine*, Paris, PUF, 1981.

ARON (R.), *Les étapes de la pensée sociologique*, Paris, Gallimard, 1967.

AUGE (M.), *Théorie des pouvoirs et idéologie,* Étude de cas en Côte d'Ivoire, Paris, Hermann, coll. « Savoir », 1975, 439 p.

AUGE (M.), *Symbole, fonction, histoire,* Paris, Hachette Littérature, 1979.

BA (A.), *Tradition et Modernisme en Afrique noire*, Paris, Le Seuil, 1965.

BACKES-CLEKENT (C.), *L'anthropologie : Science des sociétés Primitives*, Denoël, 1971.

BALANDIER (G.), *Anthropologie politique*, Paris, PUF, 1969.

BALANDIER (G.), *Anthropologiques*, Paris, PUF, 1974.

BALANDIER (G.), *Sens et Puissance*, Paris, PUF, 1971, 334 p.

BALANDIER (G.), *Déséquilibres socioculturels et modernisation des pays sous-développés*, Cahiers internationaux de sociologie, XX, 1956.

BARBIER (L.), « L'or dans la vallée du Sénégal », dans *La France de demain*, Paris, Du Jarric, 1909, p. 351-352.

BARRAT, *Études sur les mines d'or du bassin du Sénégal*, 1896.

BASTIDE (C. R.), *Formes élémentaires de la stratification sociale*, Paris, Centre de documentation universitaire, 1963.

BATHILY (A.), *Les portes de l'or, le royaume du Galam de l'ère musulmane au temps des négriers, VIIIe-XVIIIe siècle*, Paris, L'Harmattan, 1989, 379 p.

BAUDELOT (C.) et ESTABLET (R.), *Durkheim et le suicide*, Paris, PUF, 1984.

BAZIN (J.), « Guerre et servitude à Ségu », dans *L'esclavage en Afrique précoloniale*, Paris, Maspero, 1975.

BECKER (H.), *Outsiders : Étude sociologique de la déviance*, Paris, Métaillé, 1985, 249 p.

BERLIOUX (E. F.), *André Brüe ou les origines de la colonisation française du Sénégal*, Paris, de Guillaumin, 349 p.

BESNARD (P.), *L'anomie dans la biographie intellectuelle de Durkheim*, dans *Sociologie et Société*, vol. XIX, Germany Above, 1983.

BESNARD (P.), *L'anomie : ses usages et ses fonctions dans la discipline sociologique depuis Durkheim*, Paris, PUF, 1987.

BIRNBAUME (I. P.), *Sur les origines de la domination politique à propos d'Étienne de la Boêtie et de Pierre Clastres, Revue de Science Politique*, 1977.

BOLTANSKI (L.), *Les cadres : La formation d'un groupe social*, Paris, Éd. Minuit, 1982.

BOUDON (R.), *L'idéologie*, Paris, Fayard, 1986, 330 p.

BOUDON (R.), *Le sens des valeurs*, Paris, PUF, 1999, 397 p.

BOPP, « *Note sur l'or au Sénégal* », Contribution à l'étude géologique du Sénégal Oriental, 1940.

BOUGLE (C.), *Essai sur le régime des castes*, Année sociologique, tome IV, 1900.

BOURDIEU (P.), *Questions de sociologie*, Paris, Éd. Minuit, 1980.

BOURDIEU (P.), *La reproduction*, éléments pour une théorie du système d'enseignement, Paris, Éd. Minuit, 1999, 279 p.

BOURDIEU (P.), *Homo academicus*, Paris, Éd. Minuit, 1984.

BOURDIEU (P.), *Réponse*, Paris, Éd. Le Seuil, 1992.

BOURDIEU (P.), *La sociologie de l'économie*, Paris, 2000.

BOURDIEU (P.), *Espace social et genèse des classes, Actes de la recherche en sciences sociales*, 1984, p. 3-12.

BOURDIEU (P.), « Genèse et structure du champ religieux », dans *Revue de Sociologie*, XII, 1971.

BOURDIEU (P.) et BOLTANSKI (L.), *Le fétichisme de la langue, Actes de la recherche en sciences sociales*, 1975, p. 2-33.

BOURDIEU (P.) et PASSERON (J. C.), *Les héritiers (les étudiants et la culture)*, Paris, Éd. Minuit, 1964.

BOURGEOIS (M.), *L'or en Afrique Occidentale Française*, 1933.

BOUTHOUL (G.), *Histoire de la sociologie*, Paris, PUF, 1961.

BROWN (R.), *Préface Systèmes politiques africains*, trad. Française, Paris, PUF, 1964.

DUVERGER (M.), *Méthode des sciences sociales*, Paris, PUF, 1963.

CAMARA (S.), *Gens de la parole, Essai sur la condition des griots dans la société malinké*, Paris, Mouton, 1976.

CARBONNIER (J.), *Les phénomènes d'inter-normativité*, La Haye, Éd. Martinus Nijhoff, "European Year book in Law and sociology", 1977.

CASTORIADIS (C.), *L'institution de l'imaginaire*, Éd. Le Seuil, 1975.

CHAMPAGNE (P.), *La reproduction de l'identité, Actes de la recherche en sciences sociales*, 1986, p. 41-64.

CHARBONNEL (J. P.), *Les bases coutumières d'invention de l'or*, 1996, p. 130.

CISSÉ (Y.), *Notes sur la société des chasseurs malinké, Journée de la société des africanistes*, T. XX, XIV, Fas, 1964, p. 175-226.

CISSÉ (Y.) et DIÉTERLEN, *Les fondements de la société initiatique du Kemo*, Paris, Éd. Mouton, 1972.

CISSÉ (Y.) et LEYNAUD (E.), *Paysans malinké du Haut-Niger, Traditions et Développement rural en Afrique soudanaise*, Éd. Populaire du Mali, 1978.

CLASTRES (P.), *La société contre l'État*, Paris, Éd. Minuit, 1974.

COSTA-LASCOUX (J.), *La nouvelle famille africaine dans les droits de l'indépendance :* essai de sociologie normative, dans L'année sociologique, 1971, p. 153-180.

DAHRENDORF (R.), *Classes et conflits de classe dans la société industrielle*, Paris, la Haye, Éd. Mouton, 1972.

DELAFOSSE (M.), *Haut Sénégal Niger*, Paris, Maisonneuve Larose, 3 volumes, 1912.

DELAFOSSE (M.), « La langue mandingue et ses dialectes », dans *Dictionnaire français-malinké*, T. I, Paris, Librairie orientaliste Paul Geuthner, 1929.

DELCOURT (A.), *La France et les établissements français au Sénégal entre 1713 et 1763*, mémoire IFAN, n° 17, Paris, 1952, 432 p.

DEVISSE (J.), *Une enquête à développer* : le problème de la propriété des mines en Afrique de l'Ouest du VIIIe au XVIe siècle, p. 201-219.

DEMONTAL (G.), *Les Malinké*, dans *Deuxième colloque de Kédougou*, Dakar, 1985, 76 p.

DIAGNE (P.), *Pouvoir politique traditionnel en Afrique Noire*, Paris, Présence Africaine, 1967.

DIAGNE (S. B.), *Introduction à la culture du développement*, Dakar, CODESRIA, 1991.

DIÉTERLEN (G.), *Essai sur la religion bambara*, Paris, Bibliothèque de sociologie contemporaine, PUF, 1951.

DIÉTERLEN (G.), « Mythes et organisation sociale au Soudan français », *Journal de la société des africanistes*, T. XXV, p. 38-76 et T. XXIX, Fas. 1., 1959.

DIÉTERLEN et CISSÉ (Y.), *Les fondements de la société initiatique du Komo*, Éd. Mouton, 1972.

DIOP (A. B.), « Introduction », dans *Dynamiques migratoires et recompositions sociales en Afrique de l'Ouest, Monde en développement*, 1995, p. 9-11.

DIOP (A. B.), La *famille wolof*, Paris, Karthala, 1985, 262 p.

DIOP (A. B.), *La société wolof*, Paris, Karthala, 1985, 355 p.

DUMONT (L.), *Homo hierarchicus, essai sur le système des castes*, Paris, Gallimard, 1966.

DURKHEIM (É.), *Les formes élémentaires de la vie religieuse* (1912), Paris, PUF, 1985.

DURKHEIM (É.), *De la division du travail social* (1893), Paris, PUF, 1973.

DURKHEIM (É.), *Les règles de la méthode sociologique* (1895), Paris, PUF, 1983.

DURKHEIM (É.), *Le suicide* (1897), Paris, PUF, 1893.

DURKHEIM (É.), « Les représentations individuelles et les représentations collectives », in *Sociologie et philosophie*, Paris, PUF, 1973.

EL BEKRI, *Description de l'Afrique septentrionale*, traduit par Mac Guckin De Shane, Édition revue et corrigée, Paris, Adrien Maisonneuve, 1965.

ELIADE (M.), *Aspects du mythe*, Paris, NRF/Gallimard, 1963, coll. « Idées », p. 15.

ELIAS (N.), *La dynamique de l'occident*, Paris, Calmann-Lévy, 1975.

ELIAS (N.), *La société de cour*, Paris, Flammarion, 1985.

ERNY (P.), *L'enfant et son milieu en Afrique Noire*, Payot, 1972.

ES SA'DI, *Tarekh-Es-Soudan*, Texte arabe édité et traduit par O. Houdas, Paris, Librairie Adrien Maisonneuve, 1964.

ENGELS (F.), *La situation des classes laborieuses en Angleterre* (1845), Paris, Éd. sociales, 1975.

GALLAIS (J.), « La signification du village en Afrique soudanaise de l'ouest », *Cahier de sociologie économique*, n° 2, février 1960, p. 128-162.

GALLIENI (J.), *Un voyage au Soudan français* (Haut-Niger et pays de Ségou, 1879-1881), Paris, Hachette, 1885.

GANAY (S. de), « Aspects de mythologie et symbolique bambara », *Journal de psychologie normale et pathologique*, n° 2, avril-juin, 1949.

GLUCKMAN (M.), *Order and rebellion in tribal society*, Chicago, 1963.

GLUCKMAN (M.), *Politics laws and ritual in tribal society*, Chicago, 1965.

GODELIER (M.), *Rationalité et irrationalité économiques*, Paris, Maspero, 1966.

GOFFMAN (E.), *Asile. Étude sur la condition sociale des malades mentaux*, Paris, Éd. Minuit, 1968.

GOFFMAN (E.), *La représentation de soi dans la vie quotidienne*, Paris, Éd. Minuit, 1973, 253 p.

GOFFMAN (E.), Stigmate : *Les usages sociaux des handicapés*, Paris, Éd. Minuit, 1975, 177 p.

GOFFMAN (E.), *Les rites d'interaction*, Paris, Éd. Minuit, 1974.

GRAVESTEIN (J.), *Rapport de fin de campagne : mission sud-Falémé*, 1961.

GUILLEMARD (A. M.), *Le déclin du social*, Paris, PUF, 1986.

GURVITCH (G.), *Éléments de sociologie juridique*, Paris, Aubier éd. Montaigne, 1940.

GURVITCH (G.), *Traité de sociologie*, Tome II, Paris, PUF, 1960.

GURVITCH (G.), *Déterminismes sociaux et liberté humaine*, Paris, PUF, 1970.

HOLAS (B.), *Les Dieux d'Afrique noire*, Paris., Geuthner, 1968.

IBN BATOUTA, *Texte arabe accompagné d'une traduction, Voyages de Defrémery et de Dr B.R. Sanguinetti*, T. IV, Paris, Leroux, 1922.

IBN KALDOUN, *Histoire de Berbères et des dynasties musulmanes de l'Afrique septentrionale*, Paris, T. II, Librairie orientaliste, Paul Geuthner, 1927.

IZARD (M.), « L'odyssée du pouvoir », *Dialectiques*, n° 21, 1977.

JAULIN (R.), *La paix blanche*, Paris, UGE, 1970.

JAULIN (R.), *Gens de soi, gens de l'autre*, Paris, UGE, 1973.

KAMISSOKO (W.), *L'empire du Mali*, Fondation SCOA pour la recherche scientifique en Afrique noire, récits traduits et annotés par CISSÉ (Y.), 2 vol., 1975-1977.

KANE (Ch. H.), *L'Aventure ambiguë*, Paris, Julliard, 1961.

KI-ZERBO (J.), *L'histoire de l'Afrique noire*. Paris, Hatier, 1974.

KOUASSIGAN (G. A.), *Quelle est ma loi ? Tradition et modernisme dans le droit privé de la famille en Afrique francophone*, Paris, Éd. Pédone, 1974.

LABAT (J. B.), *Nouvelle relation de l'Afrique occidentale*, Paris, Cavelier, 1728.

LABOURET (H.), *Les Mandings et leur langue*, Paris, Publication du Comité d'Études historiques et scientifiques de l'AOF, Série A, n° 1, Maisonneuve Larose, 1934.

LANTERNARI (V.), *Désintégration culturelle et processus d'acculturation*, *Cahiers internationaux de sociologie*, 1957.

LAPASSADE (G.), *L'entrée dans la vie*, Paris, Éd. Minuit, 1963.

LAPIERRE (J.-W.), *Vivre sans État. Essai sur le pouvoir politique et l'innovation sociale*, Le Seuil, 1977.

LEENHARDT, *« Do Kamo ». La personne et le mythe dans le monde mélanésien*, Paris, Gallimard, 1947.

LEFEBVRE (H.), *Sociologie de Marx*, Paris, A. Colin, 1975.

LEROY (E.), *Droit et développement en Afrique noire francophone après dix années d'indépendance, Revue sénégalaise de Droit*, 1971.

LEROY (E.), « Justice africaine et oralité juridique », Bull. IFAN, T. XXXVI, Série B, n° 3, 1974, p. 569.

LETICHE (F.) et VIEL (F.), *Construction territoriale au Sénégal, appropriation et représentation : exemples des villages dans la région de Kédougou*, mémoire de maîtrise de géographie, UFR ORSTOM, 1995, 381 p.

LÉVI-STRAUSS (C.), *Entretiens avec CHARBONNIER (G.)*, Paris, Nouvelles littéraires, 1961.

LÉVI-STRAUSS (C.), *La pensée sauvage*, Paris, Plon, 1962.

LÉVI-STRAUSS (C.), *Le cru et le cuit*, Paris, Plon, 1964.

LÉVI-STRAUSS (C.), *Du miel aux cendres*, Paris, Plon, 1967.

LÉVI-STRAUSS (C.), *L'origine des manières de table*, Paris, Plon, 1968.

LÉVI-STRAUSS (C.), *L'homme nu*, Paris, Plon, 1971.

LÉVI-STRAUSS (C.), *Race et histoire*, Paris, Gonthier, 1972.

LÉVY BRUHL (L.), *L'âme primitive*, Paris, Félix Alcan, 1927.

LEVY BRUHL, « Ethnologie juridique », dans *Ethnologie générale*, Paris, La Pléiade, 1968.

LEYNTAUD (E.) et CISSÉ (Y.), *Paysans Malinké du Haut Niger, Traditions et développement rural en Afrique soudanaise*, Édition populaire du Mali, 1978.

LINTON (R.), *De l'homme*, Paris, Éd. Minuit, 1968.

LOMBARD (J.), *Introduction à l'ethnologie*, A. Colin, Paris, 1994, 189 p.

LOWIE (R.), "*Crow social life*". *Anthropological papers of the American museum of national history*, New York, vol. XX, 1912.

LY (B.), « Quelques difficultés propres à la recherche africaine », dans *Problèmes épistémologiques et méthodologiques des sciences sociales en Afrique*, Dakar, UNESCO/CODESRIA, 1989, p.135-137.

LY (B.), *L'honneur et les valeurs morales dans les sociétés wolofs et toucouleurs*, Thèse de doctorat de 3e cycle de sociologie, Université de Paris, 574 p.

MALINOWSKI (B.), *Les Argonautes du Pacifique Occidental*, Paris, Gallimard, 1963.

MALOWIST (M.), *Le commerce d'or*, Bull. IFAN, XXX, Série B, n° 3-4, 1967.

MARTY (P.), *L'établissement des français dans le haut Sénégal*, XVII, 1925.

MAUNY (R.), *Tableau géographique de l'Ouest africain au Moyen Âge d'après des sources écrites, la tradition et l'archéologie*, Mémoires de l'IFAN, n° 61, Dakar, 1961.

MAUSS (M.), « Parenté à plaisanterie », *Annuaire de l'École Pratique des Hautes Études*, 1927, p. 4-21.

MAUSS (M.), *Essai sur le don (1923-24)*, Coll. Sociologie et anthropologie, Paris, PUF, 1960.

MAUSS (M.), *Essai de sociologie*, Paris, Éd. Minuit, 1971.

MEAD (M.), *Mœurs et sexualité en Océanie*, Paris, Arthaud, 1964.

MEILLASSOUX (C.), « Histoire et institution du Kafo de Bamako d'après la tradition des Niar », *Cahiers d'études africaines*, n° 14, vol. IV, 1963, p. 186-227.

MEILLASSOUX (C.), « Les cérémonies septennales du Kamablon Kaaba (Mali) », *Journal de la société des africanistes*, T. XXXVIII, Fas. II, 1968, p. 173-182.

MENDRAS (H.), *Éléments de Sociologie*, Paris, A. Colin, 1975.

MERCIER (P.), « Le changement social et l'interprétation des faits de conflits », *Cahiers internationaux de sociologie*, XXIII, 1957, p. 63-85.

MERCIER (P.), *Histoire de l'anthropologie*, Paris, PUF, 1971.

MERTON (R. K.), *Éléments de théorie et de méthode sociologique*, Paris, Plon, 1965.

MONTEIL (C.), *Les Bambara de Ségou et de Kaarta*, Paris, Maisonneuve Larose, 1924.

MONTEIL (C.), *Les Empires du Mali*, Paris, Maisonneuve Larose, Extrait du *Bull. d'Études historiques et scientifiques de l'AOF*, T. XII, n° 3-4, juillet-décembre, 1929.

MONTEIL (C.), *Problèmes du Sahara occidental : juifs et judaïsme*, Rabat, Hesperis, 1951.

MOUMOUNI (A.), *L'éducation en Afrique*, Paris, Maspero, 1964.

NADEL (S. F.), *The foundations of social anthropology*, Londres, 1958.

NIANE (D. T.), *Recherches sur l'empire du Mali au Moyen Âge*. Recherches africaines, 1961, *Études guinéennes*, Nouvelle série, n°s 1-4, p. 35-46 ; n° 1, 17, 36 ; n° 2, p. 31-51.

NIANE (D. T.), *Soundjata ou l'épopée mandingue*, Paris, Présence Africaine, 1960.

NDIAYE (M.), *L'Éthique Ceddo et la société d'accaparement*, Dakar, PUD, 1996, p. 19.

ORTILI (J.), « Coutume bambara (cercle de Bamako) », dans *Coutumiers juridiques de l'AOF*, Publications du Comité d'Études historiques et scientifiques de l'AOF, Paris, Maisonneuve La rose, T. II, Série A, n° 9, 1939, p. 1-136.

PAGES (R.), « Le contrôle social, la régulation sociale et le pouvoir », dans *Revue française de Sociologie*, 1967, p. 207-227.

PARETO (V.), *Cours d'économie politique*, Genève, Droz, 1986.

PARETO (V.), *Traité de Sociologie générale*, Paris, Payot, vol. 2, 1919.

PAQUES (V.), *Les Bambara*, Paris, PUF, 1954.

PERSON (Y.), *Samori, une révolution dyula*, Dakar, IFAN, vol. 3, 1970.

PISIER-KOUCHNER (E.), *L'obéissance et la loi, le droit*, Paris, Hachette, coll. « Histoire des Idéologies du Pouvoir », 1977.

POIRIER (J.), « Les droits coutumiers négro-africains », dans *Mélanges Lévy Brulh (H.)*, Paris, Sirey, 1958.

POIRIER (J.), « La preuve judiciaire dans les droits coutumiers de l'Afrique noire », dans *La Preuve*, Société Jean Bodit, 1964.

POLANYI (K.), *La grande transformation* (1944), Paris, Gallimard, 1973.

POLANYI (K.) et ARENSBERG (C.), *Les systèmes économiques dans l'histoire et dans la théorie,* Paris, Larousse, 1973.

POLLET (E.), *La société Soninké*, Édition Université de Bruxelles, 1976.

RIVIÈRE (C.), *Dynamique sociale de la stratification sociale en Guinée*, Lille, Éd. Service de reproduction des thèses de l'Université de Lille III, 1975.

ROBERT (A. R.), *L'évolution des coutumes de l'Ouest-africain, la législation française*, Paris, Librairie autonome, 1955.

ROCHER (G.), *Introduction à la sociologie générale*, Paris, Le Seuil, coll. « Point », 1970.

ROCHER (G.), *Le changement social*, Éd. HMH, Ltée, 1968, 318 p.

ROCHER (G.), *L'organisation sociale*, Éd. HMH, Ltée, 1968, 258 p.

ROCHER (G.), *L'action sociale*, Éd. HMH, Ltée, 1968, 189 p.

SAHLINS (M.), *Âge de pierre, âge d'abondance. L'économie des sociétés primitives*, trad. française, Paris, Gallimard, 1976.

SARTRE (J. P.), *Critique de la raison dialectique*, Paris, Gallimard, 1960.

SAULNIER (E.), *La Compagnie de Galam au Sénégal*, Paris, Maisonneuve Larose, 1921, 199 p.

SCHUHL (M.), *Essai sur la formation de la pensée grecque*, Paris, PUF, 1949.

SCHUMPETER (J.), *Histoire de l'analyse économique* (1954), Paris, Gallimard, 1983.

SIDIBÉ (M.), *Les gens de caste ou Nyamakala au Soudan français*, *Notes africaines*, n° 8, janvier 1959.

SIDIBÉ (M.), *Soundjata Keita, héros historique et légendaire, empereur des Manding*, *Notes africaines*, n° 82, avril 1959.

SIMMEL (G.), *Les problèmes de la philosophie de l'histoire* (1892), Paris, PUF, 1984.

SIOSSAT (J.), *Les coutumes des orpailleurs du Maramandougou*, *Bull. du Comité d'études historiques et scientifiques de l'Afrique Occidentale Française*, 1937, Tome XX, p. 336-349.

SMITH (P.), *Note sur l'organisation sociale des Diakhanké*, dans *Bulletin et Mémoires de la Société d'anthropologie de Paris*, Éd. Masson, 1965.

SNYDER (F.), *Le droit de la terre et le changement économique au Sénégal rural*, dans *Études sur le droit de la terre en Afrique noire*, vol. 2, Paris, Laboratoire d'anthropologie juridique, 1975.

SNYDERS (G.), *École, classe et lutte des classes*, Paris, PUF, 1976.

SOLUS (H.), *Traité de la condition des indigènes en droit privé*, Paris, Sirey, 1927.

SOME (D. B.), *Les orpailleurs du Burkina Faso : exclusion sociale et rapport à l'environnement,* Thèse doctorat de 3e cycle de sociologie, Université Cheikh Anta Diop, Dakar, 2004, 402 p.

SPERBER (D.), *Le symbolisme en général*, coll. « Savoir Hermann », 1974.

STEINER (P.), *La sociologie de Durkheim*, Paris, La Découverte, coll. « Repères », 1998, 123 p.

SZUMOWSKI (G.), *Fouilles de l'abri sous roche de Kouroun-Korokalé* (Soudan français), Bull. IFAN, Série B, 1956.

TARDIF (J.), *Kédougou, aspects de l'histoire et de la situation socioéconomique,* 1965.

TAUXIER (L.), *La religion bambara*, dans *Études soudanaises*, Paris, Libraire orientaliste, Paul Geuthner, 1927.

THOMAS (L. V.), « De quelques attitudes africaines en matière d'histoire locale », in *The historian in tropical Africa*, *Oxford University Press*, London, Ibadan Accra, 1964.

THOMAS (L.V.), *À propos de religions négro-africaines traditionnelles, réflexions critiques*, *Afrique-Documents*, n° 93, 1967, p. 219-255.

THOMAS (L. V.), *L'être et le paraître. Essai sur la signification de l'initiation en Afrique Noire*, dans *Fantasme et formation*, Paris, Éd. Dunod, 1973.

TONNIES (F.), *Communauté et Société* (1887), Paris, Retz, 1977.

TOURAINE (A.), *Pour la sociologie,* Paris, Le Seuil, 1974.

TOURAINE (A.), *Sociologie de l'action*, Paris, Le Seuil, 1965.

VEBLEN (T.), *Théorie de la classe de loisir* (1899), Paris, Gallimard, 1970.

WEBER (M.), *Économie et société : l'organisation et les puissances de la société dans leur rapport avec l'économie,* vol. 2, Paris, Plon, 1971, 424 p.

WEBER (M.), *Introduction à l'éthique économique des religions*, traduction de J. P. GROSSEIN universelles, dans *Cahiers du CERCOM*, n° 7, EHESS-Marseille, juin 1992.

L'Harmattan, Italia
Via Degli Artisti 15 ; 10124 Torino

L'Harmattan Hongrie
Könyvesbolt ; Kossuth L. u. 14-16
1053 Budapest

L'Harmattan Burkina Faso
Rue 15.167 Route du Pô Patte d'oie
12 BP 226 Ouagadougou 12
(00226) 76 59 79 86

Espace L'Harmattan Kinshasa
Faculté des Sciences Sociales, Politiques et Administratives
BP243, KIN XI ; Université de Kinshasa

L'Harmattan Guinée
Almamya Rue KA 028 en face du restaurant le cèdre
OKB agency BP 3470 Conakry
(00224) 60 20 85 08
harmattanguinee@yahoo.fr

L'Harmattan Côte d'Ivoire
M. Etien N'dah Ahmon
Résidence Karl /cité des arts, Abidjan-Cocody 03
BP 1588 Abidjan 03
(00225) 05 77 87 31

L'Harmattan Mauritanie
Espace El Kettab du livre francophone
N° 472 avenue Palais des Congrès,
BP 316 Nouakchott
(00222) 63 25 980

L'Harmattan Cameroun
Immeuble Olympia face à la Camair
BP 11486 Yaoundé
(237) 458.67.00/976.61.66
harmattancam@yahoo.fr

L'Harmattan Sénégal
« Villa Rose », rue de Diourbel X G, Point E
BP 45034 Dakar FANN
(00221) 33 825 98 58 / 77 242 25 08
senharmattan@gmail.com

L'Harmattan Mali
Rue de Leipzig, face au Palais de la culture,
Porte 203, Badalabougou, Bamako
00 223 20 22 57 24 /00 223 76 37 80 82
pp.harmattan@gmail.com

Achevé d'imprimer par Corlet Numérique - 14110 Condé-sur-Noireau
N° d'Imprimeur : 109099 - Dépôt légal : juin 2014 - *Imprimé en France*

www.ingramcontent.com/pod-product-compliance
Lightning Source LLC
LaVergne TN
LVHW010940061026
849535LV00007B/2503
* 9 7 8 2 2 9 6 9 9 8 5 9 9 *